中等职业学校教材

计算机应用基础

主　编　李若冰

副主编　郑大公

参　编　杨一戈　杨四兴　王家红　李灼志

　　　　马丽琴　张照峰　田静君　杜伟浩

主　审　杨　泽

西安电子科技大学出版社

内 容 简 介

本书根据教育部颁布的《中等职业学校计算机应用基础教学大纲》的要求,重点立足于当前中职学生的实际,并结合编者多年教学经验编写而成。

全书共分五章,包括计算机基础知识、计算机的组成、操作系统的功能和使用、汉字录入训练以及网络应用基础,具有较强的针对性、实用性和时代性。为配合教学工作,各章附有习题。通过本书的学习,可进一步巩固计算机的基础理论、基本知识,同时结合学生所学专业内容开展计算机综合应用实训,可较快地掌握中英文录入、移动智能设备和网络相关软硬件等的使用技能,并进一步提高学生的计算机综合应用技能。

本书可作为中职学校各专业公共基础课程的教材,也可作为相关人员学习计算机应用基础知识的参考用书。

图书在版编目(CIP)数据

计算机应用基础/李若冰主编. —西安:西安电子科技大学出版社,2017.8(2020.1 重印)
(中等职业学校教材)
ISBN 978-7-5606-4678-7

Ⅰ.① 计… Ⅱ.① 李… Ⅲ.① 电子计算机—教材 Ⅳ.① TP3

中国版本图书馆 CIP 数据核字(2017)第 209578 号

策　　划　　戚文艳
责任编辑　　刘永孝　戚文艳
出版发行　　西安电子科技大学出版社(西安市太白南路 2 号)
电　　话　　(029)88242885　88201467　　邮　　编　710071
网　　址　　www.xduph.com　　　　电子邮箱　xdupfxb001@163.com
经　　销　　新华书店
印刷单位　　陕西天意印务有限责任公司
版　　次　　2017 年 8 月第 1 版　　2020 年 1 月第 2 次印刷
开　　本　　787 毫米×1092 毫米　1/16　印　张　12
字　　数　　280 千字
印　　数　　3001～6000 册
定　　价　　23.00 元

ISBN 978-7-5606-4678-7/TP

XDUP 4970001-2

前　　言

随着计算机的普及和计算机技术日新月异的发展,计算机文化已经渗透到人类生活的方方面面,并改变着人们的工作、学习和生活方式。作为学校,提高学生计算机应用能力已经成为人才培养的重要组成部分。为了适应社会改革发展的需要以及满足中职学校计算机应用教学的要求,我们组织编写了本书。

本书从中等职业学校的教学实际需求出发,合理安排知识结构,全书共分五章,包括计算机基础知识、计算机的组成、操作系统的功能和使用、汉字录入训练以及网络应用基础。在本书的编写过程中我们力求做到图文并茂、条理清晰、通俗易懂,并采用大量直观、生动且实用的计算机操作实例,从零开始、由浅入深、循序渐进地讲解计算机的基本理论、基础知识和基本技能。为配合教学工作,加强计算机应用技能的训练,各章都附有习题,可使读者进一步巩固所学知识,提高计算机综合应用能力。

本书可作为中等职业学校"计算机应用基础"公共基础课程的教材,也可作为其他学习计算机应用基础知识人员的参考书。

本书由李若冰主编,郑大公担任副主编,参编人员有杨一戈、杨四兴、王家红、李灼志、马丽琴、张照峰、田静君和杜伟浩。诸位编者都是在教学一线多年从事计算机基础课程教学和研究的教师,在编写过程中均将长期积累的教学经验和体会融入到本书知识系统的各个部分。

在编写本书的过程中,我们参考了一些文献,同时还得到了相关老师的大力支持和帮助,在此表示真诚的感谢。

由于编者的水平有限,书中可能还存在一些不足和疏漏之处,敬请读者批评指正。

编　者
2017 年 6 月

目　　录

第一章　计算机基础知识

本章简要介绍计算机的一些基础知识，包括计算机的产生、发展、发展趋势、特点、应用及分类。

第一节　计算机的产生与发展

一、计算机的产生

计算机(Computer)作为一种计算的工具，可追溯到中国古代所做出的贡献。早在春秋战国时代(公元前 770 年至公元前 221 年)已使用竹子制作的算筹来完成计数，唐代时已出现早期的算盘，宋代时已有算盘口诀的记载。17 世纪后，随着西方产业革命的到来，推动了计算工具的进一步发展，在欧洲出现了能实现加减乘除运算的机械式计算机。

世界上第一台电子数字计算机于 1946 年 2 月 15 日在美国宾夕法尼亚大学研制成功，它的名称叫 ENIAC(埃尼阿克)，是电子数字积分式计算机的缩写。它使用了 17468 个真空电子管，功耗 174 kW/h，占地 170 平方米，重达 30 多吨，每秒可进行 5000 次加法运算。虽然其性能还比不上今天最普通的一台微型计算机，但在当时它已是运算速度的绝对冠军，并且其运算的精确度和准确度也是史无前例的。以圆周率(π)的计算为例，中国古代的科学家祖冲之利用算筹，耗费 15 年心血，才把圆周率计算到小数点后 7 位数。一千多年后，英国人香克斯以毕生精力计算圆周率，才计算到小数点后 707 位。而使用 ENIAC 进行计算，仅用了 40 秒就达到了香克斯的记录，还发现在其计算中第 528 位是错误的。

ENIAC 奠定了计算机的发展基础，它的问世标志着计算机时代的到来。

二、计算机的发展

计算机从诞生至今，有 70 多年的历史。在这 70 多年间，计算机的发展经历了四代。

1. 第一代(1946—1958 年)：电子管计算机

电子管计算机的主要特点是使用电子管作为逻辑元件，运算器和控制器采用电子管，存储器采用电子管和延迟线，只能用机器语言和汇编语言编程序。这种计算机主要用于科学技术方面的计算，如图 1-1 所示。

图 1-1　第一台电子管计算机

2.　第二代(1958—1964 年)：晶体管计算机

晶体管计算机采用了性能优异的晶体管代替电子管作为逻辑元件。晶体管的体积比电子管小得多，这样晶体管计算机的体积大大缩小，但使用寿命和效率却大大提高，其计算速度达到了几万到几十万次每秒。这一代计算机在科研和其他各种数据处理方面得到了广泛的应用，并用于航空、宇航等实时控制系统，如图 1-2 所示。

图 1-2　第一台晶体管计算机

3.　第三代(1964—1970 年)：中小规模集成电路计算机

中小规模集成电路计算机的重要标志是采用了集成电路，集成电路使计算机的体积、可靠性、速度、功能、成本等方面都有了大幅度的改善。它的体积比晶体管计算机体积又大大缩小了，中型的有写字台那么大，小型的只有打字机那么大，其运算速度和内存容量比第二代计算机提高了一个数量级，分别达到上千万次每秒和十几万字节，性能价格比大幅度提升，通用性提高，可用软件成倍增加，有力地推动了计算机的普及，如图 1-3 所示。

图 1-3　第一台集成电路计算机

4．第四代(1970 年至今)：大规模、超大规模集成电路计算机

大规模、超大规模集成电路计算机最显著的特点是大规模集成电路和超大规模集成电路的运用。大规模集成电路的采用，使得计算机进一步向微型化发展，计算机不但可以放在办公桌上，而且可以放在手提包甚至衣服的口袋里，而其功能却大大增强，可靠性大大提高，价格却大幅度下降，一般家庭都可以买得起。现在的计算机一般是大规模、超大规模集成电路计算机。

三、计算机的发展趋势

可从以下三个方向来了解计算机的发展趋势：

第一是向"高度"方向发展。计算机的性能越来越高，速度越来越快，主要表现在计算机的主频越来越高。而且计算机向高度方面发展不仅是芯片频率的提高，而且是计算机整体性能的提高。一个计算机中可能不只用一个处理器，而是用几百个几千个处理器，这就是所谓并行处理。也就是说提高计算机的性能有两个途径：一是提高器件速度，二是并行处理。将几千几万台计算机连接起来构成一台并行机，就如同组织成千上万工人生产一个产品一样，绝不是一件容易的事。并行计算机的关键技术是如何高效率地把大量计算机互相连接起来，即各处理机之间的高速通信，以及如何有效地管理成千上万台计算机使之协调工作，这就是并行计算机的系统软件——操作系统的功能。

第二是向"广度"方向发展。计算机发展的趋势就是无处不在，以至于像"没有计算机一样"。近年来更明显的趋势是网络化与向各个领域的渗透，即在广度上的发展开拓，国外称这种趋势为普适计算机(Pervasive Computing)或叫无处不在的计算机。举个例子，问你家里有多少电动机，谁也说不清。洗衣机里有，电冰箱里有，录音机里也有，几乎无处不在，我们谁也不会去统计它。未来，计算机也会像现在的电动机一样，存在于家中的各种电器中。那时问你家里有多少台计算机，你也数不清。你的笔记本、书籍都已电子化；中小学生们上课用的不再是教科书，而只是一个笔记本大小的计算机，所有的中小学的课程教材、辅导书、练习题都在里面，不同的学生可以根据自己的需要方便地从中查到想要的资料。而且这些计算机与现在的手机合为一体，随时随地都可以上网，相互交流信息。

第三是向"深度"方向发展，即向信息的智能化发展。网上有大量的信息，怎样把这些浩如烟海的东西变成你想要的知识，这是计算科学的重要课题。同时，人机界面更加友好，未来你可以用你的自然语言与计算机打交道，也可以用手写的文字与计算机打交道，甚至可以用你的表情、手势来与计算机沟通，使人机交流更加方便快捷。

从电子计算机的产生及发展可以看到，目前计算机技术的发展都是以电子技术的发展为基础的，集成电路芯片是计算机的核心部件。随着高新技术的研究和发展，我们有理由相信计算机技术也将拓展到其他新兴的技术领域，计算机新技术的开发和利用必将成为未来计算机发展的新趋势。未来计算机将有可能在光子计算机、生物计算机、量子计算机等方面的研究领域里取得重大的突破。

第二节　计算机的特点及应用

一、计算机的主要特点

1. 运算速度快

计算机的运算速度是指计算机在单位时间内执行指令的平均速度，可以用每秒能完成多少次操作(如加法运算)或每秒能执行多少条指令来描述。随着半导体技术和计算机技术的发展，计算机的运算速度得到了极大的提高，人们手工几天甚至几个月完成的事情，计算机几秒就完成了，计算速度快也使实时控制非常方便，如导弹、卫星的发射，复杂的化工产品的生产过程控制等。

2. 计算精度高

计算机中的精度主要表现为数据表示的位数，一般称为字长，且字长越长计算精度越高。使用计算机进行数值计算可以达到非常高的精度，在许多科学计算方面对精度的要求是非常高的。

3. "记忆"能力强

计算机的存储器类似于人类的大脑，可以储存大量的信息和程序。另外，计算机除了由内存储器存储当前处理的信息外，还使用外存储器存储大量待处理的信息。

4. 具有逻辑判断能力

计算机可以进行逻辑判断，这一功能保证了信息处理的高度自动化。计算机可以根据编写的程序运行，逻辑判断功能可以自动选择应执行的程序。例如 Windows 7 系统里的"任务计划程序"，你可以设置计算机某年某月某日几时几分执行哪一个程序，到了设置的时间，即便你不在机器面前，计算机仍能够自动运行你指定的程序。计算机还可以进行逻辑推理，具有感知识别能力以及推理推断能力，进而可以用计算机模仿人的智能活动。例如机器人、专家系统等都是智能模拟的结果。

5. 支持人机交互

人机交互就是用户通过输入设备对计算机运行进行干预。

6. 程序运行自动化

由于计算机具有"记忆"能力和逻辑判断能力，所以计算机内部的操作运行都是自动控制进行的。使用者把程序输入计算机后，计算机就在程序的控制下自动完成全部运算，并输出运算结果，不需要人的干预。

归纳起来讲，计算机的特点就是：速度快、精度高、能"记忆"、会判断、可交互、自动化。

二、计算机的应用领域

计算机的应用目前已渗透到人类活动的各个领域，包括工业、农业、商业、医学、交通、服务等行业。近年来，在人文科学、社会科学及家庭等领域也已广泛使用计算机。称之"电脑"的计算机，作为"人脑"的延伸而无孔不入。其应用领域大致分为如下几方面：

1. 科学计算

计算机应用的最早领域是科学计算，第一台计算机 ENIAC 就是用于弹道计算的，以后如天气预报的计算，地震预测，人造卫星、原子反应堆和核武器、导弹和航天飞机、大型水利枢纽、大型桥梁、高层建筑的建设和重型机械的结构设计，飞机、轮船的外形设计等都离不开高速计算机。在基础科学研究方面，生物学中的脱氧核糖核酸和人工蛋白质的合成、人工胰岛素的合成、物质结构分析等复杂计算都需要高速计算机。

2. 数据处理

电子计算机应用最广泛的还是数据处理。所谓数据处理，是指计算机用于处理生产、经济活动、社会和科学研究中获得的大量信息，如：人口普查数据的搜集、转换、分类、计算、存储、传输和输出报表；政府机关的办公文件的处理；银行的电子化，全市甚至全国同类银行联机办理存款支付；旅游管理自动化可将全市甚至全国同一旅行社的旅馆联机办理客房预约，甚至还可以与交通系统联网，实现自动订票业务。目前的计算机已能处理集文字、图像、音像、动态视频于一体的多媒体信息。

3. 实时控制

计算机在工业测量和控制方面的应用已十分成熟和广泛，如：大型化工厂自动采集各项工艺参数，进行检验、比较以控制工艺流程；国防工业中的导弹检测和控制、坦克火炮控制、飞机和舰艇的分布式控制系统等。

4. 计算机辅助

计算机辅助是计算机应用的一个非常广泛的领域。几乎所有过去由人进行的具有设计性质的过程都可以让计算机帮助实现部分或全部工作。计算机辅助主要有：计算机辅助设计(Computer Aided Design，CAD)、计算机辅助制造(Computer Aided Manufacturing，CAM)、计算机辅助教学(Computer Aided Instruction，CAI)、计算机辅助技术(Computer Aided Technology，CAT)、计算机仿真模拟(Simulation)等。

5. 人工智能

人工智能(Artificial Intelligence，AI)指是计算机模拟人类的智能活动，诸如感知、判断、理解、学习、问题求解和图像识别等。现在人工智能的研究已取得不少成果，有些已开始走向实用阶段。例如，能模拟高水平医学专家进行疾病诊疗的专家系统，具有一定思维能力的智能机器人等。

6. 网络应用

计算机技术与现代通信技术的结合构成了计算机网络。计算机网络的建立，不仅解决了一个单位、一个地区、一个国家中计算机与计算机之间的通信，各种软、硬件资源的共享，也大大促进了国际间的文字、图像、视频和声音等各类数据的传输与处理。

第三节　计算机的分类

计算机的种类很多，可以从不同的角度对计算机进行分类。

一、按照计算机原理分类

1. 数字式电子计算机

数字式电子计算机是用不连续的数字量即"0"和"1"来表示信息，其基本运算部件是数字逻辑电路。数字式电子计算机的精度高、存储量大、通用性强，能胜任科学计算、信息处理、实时控制、智能模拟等方面的工作。人们通常所说的计算机就是指数字式电子计算机。

2. 模拟式电子计算机

模拟式电子计算机是用连续变化的模拟量即电压电流等来表示信息，其基本运算部件是由运算放大器构成的微分器、积分器、通用函数运算器等运算电路组成的。模拟式电子计算机解题速度极快，但精度不高、信息不易存储、通用性差，它一般用于解微分方程或自动控制系统设计中的参数模拟。

3. 数字模拟混合式电子计算机

数字模拟混合式电子计算机是综合了上述两种计算机的长处设计出来的。它既能处理数字量，又能处理模拟量。但是这种计算机结构复杂，设计困难。

二、按照计算机用途分类

1. 通用计算机

通用计算机是为能解决各种问题，具有较强的通用性而设计的计算机。它具有一定的运算速度，有一定的存储容量，带有通用的外部设备，配备各种系统软件和应用软件。一般的数字式电子计算机多属此类。

2. 专用计算机

专用计算机是为解决一个或一类特定问题而设计的计算机。它的硬件和软件的配置依据解决特定问题的需要而定，并不求全。专用计算机功能单一，配有解决特定问题的固定程序，能高速、可靠地解决特定问题。一般在过程控制中使用此类计算机。

三、按照计算机性能分类

计算机的性能指标主要有：字长、运算速度、存储容量、外部设备配置、软件配置等。1989 年 11 月美国电气和电子工程师协会(IEEE)根据当时计算机的性能及发展趋势，将计算机分为巨型机、大型机、小型机、个人计算机、工作站和服务器六大类。

1. 巨型机(Supercomputer)

巨型机又称超级计算机，简称超算。巨型机通常是指由数百数千甚至更多的处理器组成的、能计算普通 PC 机和服务器不能完成的大型复杂课题的计算机。为了帮助大家更好地理解超级计算机的运算速度，我们把普通计算机的运算速度比做成人的走路速度，那么超级计算机就达到了火箭的速度。在这样的运算速度前提下，人们可以通过数值模拟来预测和解释以前无法实验的自然现象。

中国有三大超算系列：天河、曙光、神威。三大系列超算分别由国防科大、曙光公司以及国家并行计算机工程技术研究中心研制，当然，其中也不乏互相协作以及其他单位参与的情况。近年来，中国超算频频刷榜，不仅赚足了眼球，还促进了中国国防军工以及社会经济的发展。我国超级计算机的发展年谱如表 1-1 所示。

表 1-1　中国超级计算机发展年谱

型　　号	面世时间	每秒运算速度(峰值)
银河一I	1983 年	1 亿次
曙光一号	1992 年	6.4 亿次
银河一II	1994 年	10 亿次
银河一III	1997 年	130 亿次
神威一I	1999 年	3840 亿次
深腾 1800	2002 年	1 万亿次
曙光 4000A	2004 年	11 万亿次
神威 3000A	2007 年	18 万亿次
深腾 7000	2008 年	106.5 万亿次
曙光 5000A	2008 年	230 万亿次
天河一号	2009 年	1206 万亿次
天河二号	2013 年	5.49 亿亿次
神威太湖之光	2016 年	12.5 亿亿次

"天河一号"是由国防科技大学于 2009 年成功研制出的超级计算机，如图 1-4 所示。它由 103 个机柜组成，占地面积近千平方米，总重量 155 吨。其峰值性能为每秒 1206 万亿次，这个速度意味着，如果用"天河一号"计算一秒，则相当于全国 13 亿人连续计算 88 年。如果用"天河一号"计算一天，一台当前主流微机得计算 160 年。"天河一号"的存储量，则相当于 4 个国家图书馆藏书量之和。

图 1-4　超级计算机"天河一号"

2013 年，"天河二号"诞生了，它以峰值计算速度每秒 5.49 亿亿次、持续计算速度每秒 3.39 亿亿次双精度浮点运算的优异性能位居榜首，成为全球最快的超级计算机。"天河二号"的系统存储总容量相当于 600 亿册图书，每册按 10 万字计算。假设每人每秒进行一次运算，"天河二号"运算一小时，相当于 13 亿人同时用计算器算上 1000 年，如图 1-5 所示。

图 1-5　超级计算机"天河二号"

"天河二号"在全球超级计算机排行榜上垄断冠军宝座长达 3 年之后，2016 年，"神威太湖之光"凭借每秒 12.54 亿亿次的峰值计算性能强势登顶。这是全球第一台性能突破 10 亿亿次的超算，是天河二号的 2.3 倍。它一分钟的计算能力相当于 70 亿人用计算器不间断计算 32 年。比夺冠更令人惊喜的是，在最核心的 CPU 处理器技术上，我们也终于不再依赖国外技术。"天河二号"使用的是 Intel Xeon、Xeon Phi 处理器，"神威太湖之光"则是我国自主研发的 SW26010 处理器，如图 1-6 所示。

图 1-6　超级计算机"神威太湖之光"

2．大型机(Mainframe)

大型机一般用在尖端的科研领域，主机非常庞大，通常由许多中央处理器协同工作，具有超大的内存和海量的存储器，使用专用的操作系统和应用软件。大型机具有很强的管理和处理数据的能力，一般在大企业、银行、高校和科研机构等单位使用，如图 1-7 所示。

图 1-7　IBM 大型机

3．小型机(Microcomputer)

小型机是指采用精简指令集处理器，性能和价格介于 PC 服务器和大型主机之间的一种高性能 64 位计算机。在中国，小型机习惯上用来指 UNIX 服务器，在服务器市场中处于中高端位置。UNIX 服务器具有与 X86 服务器和大型主机不同的特有体系结构，各厂家 UNIX 服务器基本上使用自家的 UNIX 版本的操作系统和专属的处理器，如图 1-8 所示。

图 1-8　曙光天演 EP850-GF2 小型机

4．个人计算机(Personal Computer)

个人计算机简称 PC 或微型计算机，它是 20 世纪 70 年代出现的新机种，以其设计先进(率先采用高性能微处理器)、软件丰富、功能齐全、价格便宜等优势而拥有广大的用户，因而大大推动了计算机的普及应用。现在除了台式机(见图 1-9)外，还有笔记本(见图 1-10)、掌上电脑(见图 1-11)、手表型掌上电脑(见图 1-12)、膝上型电脑(见图 1-13)、平板型电脑(见图 1-14)、智能手机(见图 1-15)等。

图 1-9　台式机

图 1-10　笔记本

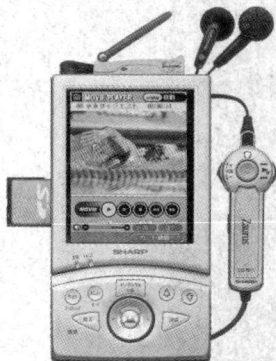

图 1-11　掌上电脑

图 1-12　手表型掌上电脑

图 1-13　膝上型电脑

图 1-14　平板电脑

图 1-15　小米 6 智能手机

5. 工作站(Workstation)

工作站是一种高档微型机系统。它具有较高的运算速度，具有大型机或小型机的多任务、多用户处理能力，且兼有微型机的操作便利和良好的人机交互界面。其最突出的特点是具有很强的图形交互能力，因此在工程领域特别是计算机辅助设计领域得到迅速应用，如图 1-16 所示。

图 1-16　惠普 Workstation Z400

6. 服务器(Server)

随着计算机网络的普及和发展，一种可供网络用户共享的高性能计算机应运而生，这就是服务器。服务器一般具有大容量的存储设备和丰富的外部接口，运行网络操作系统，要求较高的运行速度，为此很多服务器都配置双 CPU。服务器常用于存放各类资源，为网络用户提供丰富的资源共享服务。常见的资源服务器有 DNS(Domain Name System，域名解析)服务器、E-mail(电子邮件)服务器、Web(网页)服务器、BBS(Bulletin Board System，电子公告板)服务器等，如图 1-17 所示。

图 1-17　服务器

【阅读材料】

神威太湖之光

自"天河二号"荣登 TOP500 榜首并 6 度蝉联桂冠以来，一直有社会舆论攻击"天河二号"使用美国 Intel 的 CPU，因而不具备技术含量，有媒体甚至声称"只要把足够多的手机芯片连接起来，性能轻松超越天河二号"，一言蔽之，就是"天河二号"是组装货，中国并不掌握超算核心技术。

　　这种论调正确与否暂且不论，本次"神威太湖之光"采用了全自主技术则是对上述舆论的有力回击，不仅实现了在超算领域彻底扭转在技术和信息安全上受制于人的局面，还使美国对中国四家超算中心禁售 Intel 至强 PHI 计算卡成为笑柄，再次在信息技术领域实现了"凡是买不到的，中国人自己都能做出来"。

　　中科院张云泉博士接受《环球时报》采访时，他对国产处理器发展如此迅速、并且夺得世界冠军充满感慨。他表示，美国的芯片禁运反而缩短了中国的研制周期，使我们研制出了完全自主的高性能处理器和完全自主可控的超级计算机，"西方的芯片禁运对中国可谓利大于弊"。

习　　题

1. 你认为将来计算机会向哪些方向发展？
2. 简述计算机的发展过程。
3. 结合实际，说说计算机在日常生活中应用在哪些方面。
4. 简述计算机的特点。
5. 按其性能对计算机进行分类，并说明各自的特点。
6. 想一想，你会为自己选择一台什么样的计算机？

第二章 计算机的组成

本章主要介绍计算机系统的组成及其相应的功能。计算机系统由硬件系统和软件系统两大部分组成。其中硬件由主机和外部设备组成，软件可分为系统软件和应用软件两大类，如图 2-1 所示。

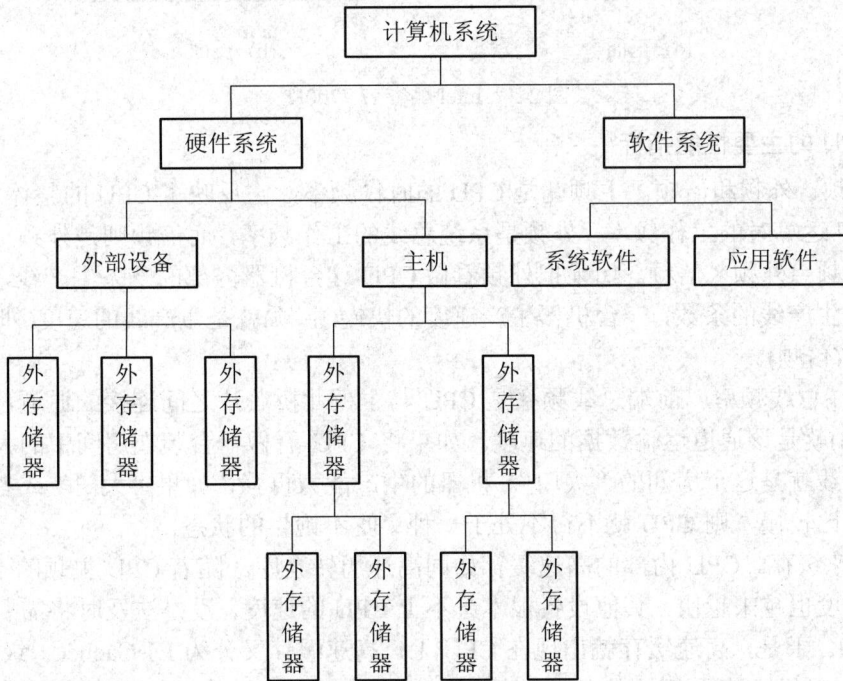

```
                        计算机系统
              ┌──────────────┴──────────────┐
          硬件系统                        软件系统
      ┌───────┴───────┐              ┌──────┴──────┐
  外部设备          主机          系统软件       应用软件
  ┌──┼──┐        ┌───┴───┐
 外  外  外      外      外
 存  存  存      存      存
 储  储  储      储      储
 器  器  器      器      器
              ┌──┴──┐  ┌──┴──┐
              外   外  外   外
              存   存  存   存
              储   储  储   储
              器   器  器   器
```

图 2-1　计算机系统的组成

第一节　硬　件　系　统

硬件是指组成计算机的各种物理设备，它包括计算机的主机和外部设备，具体由中央处理器、存储器(内存储器和外存储器)、输入设备和输出设备功能部件组成。

一、中央处理器

中央处理器的英文名是 Central Processing Unit，简称 CPU。它是计算机硬件系统的指挥中心，包括控制器和运算器两个部件。其中，控制器的功能是控制计算机各部分协调工作，运算器则是负责计算机的算术运算和逻辑运算。例如微型计算机的 CPU 如图 2-2 所示。

(a) 正面　　　　　　　　　　　(b) 反面

图 2-2　Intel 酷睿 i7 7700K

1．CPU 的主要性能指标

(1) 主频、外频和倍频。主频就是 CPU 的时钟频率，它反映了 CPU 的整体工作速度，也就是 CPU 运算时的工作频率。外频是系统总线的工作频率，而倍频则是外频与主频相差的倍数。主频＝外频×倍频。如果把外频看做 CPU 这台机器内部的一条生产线，那么倍频可以看做是生产线的条数，一台机器生产速度的快慢(主频)就是生产线的速度(外频)乘以生产线的条数(倍频)。

(2) 前端总线频率。前端总线频率是 CPU 与主板北桥芯片之间连接的通道，而前端总线频率(FSB)就是该通道运输数据的速度。如果将 CPU 看做一台装在房间中的大型机器，那么前端总线就是这个房间的"大门"。机器的生产能力再强，如果"大门"或者产品和原料流通速度比较慢，则 CPU 就不得不处于一种"吃不饱"的状态。

(3) 高速缓存。CPU 内部的高速缓存如同高速周转仓库。随着 CPU 主频的不断提高，它的处理速度也越来越快，其他设备根本赶不上 CPU 的速度，没办法及时将需要处理的数据交给 CPU。于是，高速缓存就出现在 CPU 上。高速缓存又分为 L1 Cache(一级高速缓存)和 L2 Cache(二级高速缓存)。一级高速缓存容量不是很大，封装于 CPU 内部，存取速度与 CPU 主频相同，内部缓存容量越大，则整机工作速度也越快，容量一般为千字节(KB)。二级高速缓存集成于 CPU 外部的高速缓存，存取速度与 CPU 主频相同或与主板频率相同，容量一般为千字节至兆字节。部分高端 CPU 还具有三级缓存。

(4) 制造工艺。制造工艺也称为制程宽度，是指在制作 CPU 核心时，核心上最基本的功能单元 CMOS 电路的宽度。从 20 世纪 70 年代早期的 10 μm 线宽一直到目前采用的 0.09 μm、0.065 μm 线宽，CPU 的制造工艺在不断进步，目前最先进的 CPU 已达到 14 nm。制造工艺的提高意味着 CPU 的体积将更小，集成度更高，耗电更低。

2．目前主流的 CPU 产品

CPU 市场基本被 Intel 和 AMD 两大公司垄断。Intel 产品主要有：Intel 酷睿 i3、i5、i7 系列和 Intel 奔腾、赛扬双核系列。AMD 产品主要有：AMD 羿龙 IIX2、X4、X6 系列和 AMD 速龙 IIX2、X3、X4 系列。

二、内存储器(主存储器)

内存储器由大规模集成电路制成,直接与中央处理器交换资料,存取速度快,但成本高,管理复杂,如图 2-3 所示。

(a) 金士顿 8 GB DDR4 2133(台式机用)

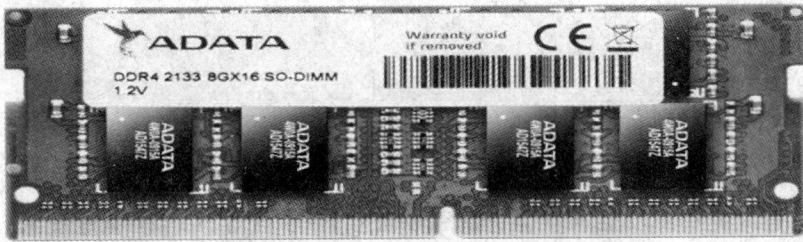

(b) 威刚万紫千红 8 GB DDR4 2133(笔记本专用)

图 2-3 内存条

1.内存储器的分类

(1) 随机存储器。随机存储器(Random Access Memory)简称 RAM,可以随时存入和取出资料,一旦断电,RAM 的资料全部丢失,且无法挽救。

(2) 只读存储器。只读存储器(Read Only Memory)简称 ROM,只能读出资料,不能写入资料。通常,计算机厂商把一些计算机通用的固定不变的程序和资料存储在 ROM 中,或者由用户将机器的配置参数利用特殊操作写入其中,即使机器断电,ROM 的资料也不会丢失。

2.内存的主要性能指标

(1) 存储速度。内存的存储速度用存取一次数据的时间来表示,单位为纳秒,记为 ns,1 秒=10 亿纳秒。ns 值越小,表明存取时间越短,速度就越快。

(2) 存储容量。内存条容量大小有多种规格,早期的 30 线内存条有 256 KB、1 MB、4 MB、8 MB 多种容量,72 线的 EDO 内存则多为 4 MB、8 MB、16 MB,168 线的 SDRAM 内存大多为 16 MB、32 MB、64 MB、128 MB 容量,而 DDR3 内存大多为 512 MB、1 GB、2 GB、4 GB 容量,目前 DDR4 内存大多为 4 GB、8 GB、16 GB,甚至更高容量。

(3) 延迟时间。CL 是 CAS Latency 的缩写,即 CAS 延迟时间。一般情况下,延迟时间越短,内存的工作速度越快。

除了以上几个核心参数外,内存的奇偶校验、电压和类型等也是评判一款内存优劣的重要指标。

3．目前主流的内存

(1) DDR 333、400(现今已经不是主流，但是老用户众多，需求量仍然很大)。

(2) DDR2 533、667、800、1066(其中 DDR2 533 上市早，DDR2 1066 上市晚价格高，非主流)。

(3) DDR3 1066、1333、1600、2000 等。

(4) DDR4 2133、2400 等。

4．表示存储器容量的单位

存储器的容量以"字节"(Byte)为单位表示，简记为"B"，比如 640 KB，32 MB，128 MB、256 MB、1 GB 等。其中：

1 KB = 1024 B

1 MB = 1024 KB，M 读作兆。

1 GB = 1024 MB，G 读作吉。

1 TB = 1024 GB，T 读作太。

三、外存储器(辅助存储器)

外存储器在中央处理器控制下与内存储器交换资料，存取速度较慢，但成本低，存储容量大。外存储器主要有硬盘、软盘、磁带、光盘和 U 盘等。

1．硬盘

硬盘是程序、各种数据和结果的存放处，里面存储的信息不会由于断电而丢失，存储容量大，主要有机械硬盘和固态硬盘两种。

机械硬盘由磁盘盘片、读写磁头、盘片转轴(下方是电动机)以及转动轴等构成(如图 2-4 所示)。固态硬盘由主控芯片、缓存芯片以及闪存芯片构成(如图 2-5 所示)。

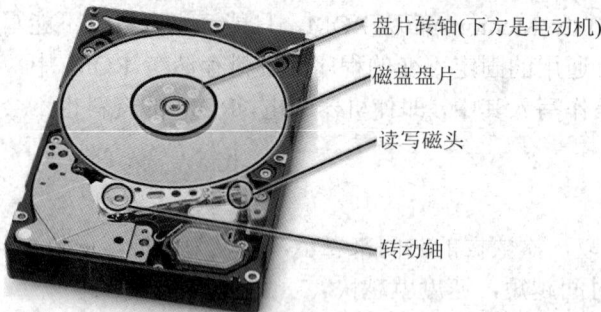

图 2-4　机械硬盘的构成　　　　　　　图 2-5　固态硬盘的构成

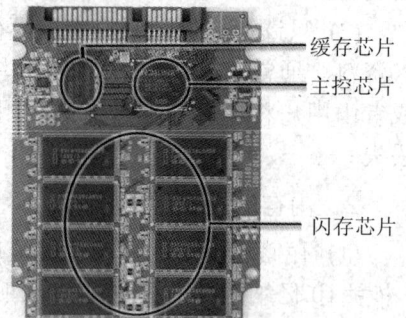

固态硬盘相较机械硬盘来说无需寻道时间和旋转延迟时间，而寻道时间和旋转延迟时间是机械硬盘通过元器件的机械运动来完成的，所以这段时间非常"漫长"，因此固态硬盘读写速度远远超过机械硬盘。

目前主流的机械硬盘的传输率大概是 100～150 MB/s，SATA 接口的固态硬盘传输率大概是 500～600 MB/s，速度相差 5 倍左右。

固态硬盘速度比机械硬盘快得多，但价钱也贵得多，目前一般 1 TB 的固态硬盘大概需要 3000 多元,而一般 1 TB 的机械硬盘只需要 300 多元。就应用而言,容量大、价格低、具有较高性价比的机械硬盘仍然是目前最重要的外存储器。

机械硬盘的主要性能指标如下:

(1) 容量。格式化后硬盘的容量主要由 3 个参数决定:硬盘容量 = 磁头数 × 柱面数 × 扇区数 × 512(字节)。硬盘的容量以兆字节(MB)或吉字节(GB)为单位,1 GB = 1024 MB。但硬盘厂商在标称硬盘容量时通常取 1 G = 1000 MB,因此在 BIOS 中或在格式化硬盘时看到的容量会比厂家的标称值要小。

(2) 单碟容量。单碟容量就是硬盘盘体内每张磁碟的最大容量。每块硬盘内部有若干张盘片,所有盘片的容量之和就是硬盘的总容量。单碟容量越大,实现大容量硬盘也就越容易,寻找数据所需的时间也相对少一点。同时,单碟容量越大,硬盘的档次越高,性能越好,其故障率也越低,当然价格也就越贵。目前单碟容量已经达到上百吉字节甚至上千吉字节了。

(3) 转速。转速是指硬盘盘片每分钟转动的圈数,单位是 r/min。转速是决定硬盘内部传输率的关键因素之一,它的快慢在很大程度上决定了硬盘的速度,同时也是区别硬盘档次的重要标志。目前硬盘的转速多为 5400 r/min、7200 r/min,10 000 r/min 和 15 000 r/min。7200 r/min 的硬盘已经逐步取代 5400 r/min 的硬盘成为主流,只有少量的笔记本电脑仍在使用 5400 r/min 的硬盘,10 000 r/min 的硬盘多是面对高档用户的,15 000 r/min 的硬盘通常用于服务器。

(4) 缓存。硬盘缓存是为解决硬盘的存取速度和内存存取速度不匹配而设计的(类似于 CPU 的缓存)。目前 7200 r/min 硬盘的缓存通常为 8 MB、16 MB、64 MB 等,还有一些高端的硬盘采用了更大的缓存以提高其性能。

(5) 最高内部传输速率。这是硬盘的内圈传输速率,它是指磁头和高速缓存之间的最高数据传输率,单位为 MBPS。最高内部传输速率的高低与硬盘转速以及盘片存储密度(单碟容量)有直接关系。

(6) 平均访问时间。平均访问时间是指磁头从起始位置到达目标磁道位置,并且从目标磁道上找到要读写的数据扇区所需的时间。平均访问时间体现了硬盘的读写速度,它包括了硬盘的寻道时间和旋转延迟时间,即平均访问时间 = 平均寻道时间 + 平均旋转延迟时间。目前硬盘的平均寻道时间通常为 8~12 ms。硬盘的旋转延迟时间又叫潜伏期,是指磁头已处于要访问的磁道,等待所要访问的扇区旋转至磁头下方的时间。平均旋转延迟时间为盘片旋转一周所需时间的一半,一般在 4 ms 以下。

主流的机械硬盘厂家主要有西数数据、希捷、日立、东芝等,容量大概是 500 GB、1 TB、2 TB、3 TB、4 TB 等。

主流的固态硬盘厂家主要有三星、英特尔、金士顿、闪迪等,容量大概是 120 GB、128 GB、256 GB、240 GB、1 TB 等。

2. 软盘

软盘是可以移动的存储介质,但容量很小,常见为 1.44 MB 的 3 寸盘,通过软盘驱动器进行读写操作。软盘靠写保护开关实现写保护,拨动小方块,打开方孔时则表示已经写保护;反之则表示未进行写保护,这时可以往软盘写入数据。由于其容量小且易损坏,现已经被完全淘汰，如图 2-6 所示。

图 2-6　软盘

3．光盘

光盘也是可以移动的存储介质，其容量要比软盘大得多，通过光盘驱动器进行读写操作，如图 2-7 所示。

图 2-7　DVD+RW 光盘

光盘主要分为以下几种：

(1) CD-DA (Compact Disc-Digital Audio)称为数字音乐光盘，也就是我们经常买到的 CD 音乐光盘，标准容量为 650 MB，最多记录 74 分钟的音频，因此也称之为 Audio CD。

(2) CD-ROM(Compact Disc-Read Only Memory)称为只读式光盘，这是最常见、使用最广泛的一种光盘，主要是用来保存数字化资料，例如各种游戏、软件等。它具有容量大、价格低廉的优点。

(3) VCD 利用 MPEG-1 的技术将影片数字化，音质可达立体声的取样频率(44.1 kHz，16 位)，可全屏幕动态播放，播放时间为 45～60 分钟，增加交互式菜单功能，可随意选择播放片段。

(4) CD-R(CD-Recordable)称为可记录式光盘，它必须配合 CD-R 光盘刻录机和刻录软件将资料一次写入 CD-R 光盘中。但是写入后的资料不能更改及删除，对资料的保存有较高的安全性。

(5) CD-RW 称为重复擦写式光盘，它与 CD-R 一样，也必须配合 CD-RW 光盘刻录机和刻录软件将资料擦写到 CD-RW 光盘中。不过 CD-RW 光盘上的资料可自由更改及删除，使用寿命可达 1000 次左右的重复擦写，使用弹性比 CD-R 更大，但是 CD-RW 光盘的价格比 CD-R 高许多。

(6) DVD(Digital Versatile Disk)称为数字万用光盘，DVD 光盘与 CD-ROM 光盘的外观很相似，其直径约为 120 mm。DVD-R 的容量通常是 4.7 GB，用户使用 DVD-R 只能写一次。DVD-RW 采用顺序读写存取，每面的读写容量是 4.7 GB，可以重写 1000 次。

4. U盘

U盘是可移动存储设备，时髦美观小巧，USB接口，即插即用，如图2-8所示。

图 2-8　U盘

下面对 USB 接口的相关知识作一补充介绍。

(1) USB 接口规范。

通用串行总线(Universal Serial Bus，USB)是连接计算机系统与外部设备的一种串口总线标准，也是一种输入/输出接口的技术规范，被广泛地应用于个人电脑和移动设备等信息通信产品。

USB 1.0 是在 1996 年出现的，速度只有 1.5 Mb/s，1998 年升级为 USB 1.1，速度也提升到 12 Mb/s。

USB 2.0 规范是由 USB 1.1 规范演变而来的。它的传输速度达到了 60 Mb/s，足以满足大多数外设的速率要求。

USB 3.0 的理论传输速度为 500 Mb/s，接近于 USB 2.0 的 10 倍。

USB 3.1 Gen2 是最新的 USB 规范，理论传输速度为 900 Mb/s。新 USB 技术使用一个更高效的数据编码系统，并提供一倍以上的有效数据吞吐率。

(2) USB 物理接口。

Type-A：标准的 Type-A 是电脑、电子配件中最广泛的界面标准。鼠标、U盘、数据线上大的一方都是此接口，体积也最大，如图2-9所示。

Type-B：一般用于打印机、显示器 USB HUB 等诸多外部 USB 设备，如图2-10所示。

Type-C：它拥有比 Type-A 及 Type-B 均小得多的体积，其大小甚至能与 Mini USB 及 Micro USB 相媲美，是最新的 USB 接口外形标准，盲插结构设计，如图2-11所示。

图 2-9　Type-A　　　　　图 2-10　Type-B　　　　　图 2-11　Type-C

Mini USB：又称迷你 USB，是一种 USB 接口标准，是为在 PC 与数码设备间传输数据而开发的技术，适用于移动设备等小型电子设备，也广泛应用于手机，如图2-12所示。

Micro USB：Micro USB 是 Mini USB 的下一代规格，Micro USB 连接器比标准 USB 和

Mini USB 连接器更小，节省空间，具有高达 10 000 次的插拔寿命和强度，是连接小型设备的最佳选择，主要适用于 USB 2.0，如图 2-13 所示。

图 2-12　Mini USB 接口　　　　　　　图 2-13　Micro USB

Micro A 和 Micro B 主要适用于 USB 3.0，如图 2-14 所示。

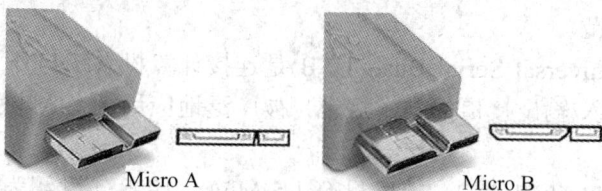

Micro A　　　　　　Micro B

图 2-14　Micro A 和 Micro B

(3) 区分 USB 2.0 和 USB 3.0 的方法。

从基座颜色区分：USB 2.0 接口基座一般为黑色或者白色，USB 3.0 接口基座为蓝色。

从 U 盘插口针脚区分：USB 2.0 是 4 针脚，而 USB 3.0 采用了 9 针脚，针脚比 USB 2.0 多。

5．USB 移动硬盘

移动硬盘是移动存储设备的一种，它是用一个专门的控制芯片实现 USB 接口与硬盘之间的数据交换，这个芯片通常安放在移动硬盘盒中。移动硬盘具有容量大、存取速度快的特点，又具有 USB 设备的方便性，因此在既需要快速、大容量数据存储又需要方便移动的领域广泛应用。目前移动硬盘大多是用移动硬盘盒加一个 2.5 英寸的硬盘组成的，如图 2-15 所示。

图 2-15　移动硬盘

四、输入设备

输入、输出设备在中央处理器的控制下，通过接口电路与内存交换信息。输入设备的任务是将程序和原始信息提供给计算机，并将其转换成计算机可识别和存储的形式。常见的输入设备有以下几种：

1. 键盘

键盘是计算机的主要输入设备，由许多整齐排列在一起的按键组成。当你需要输入文字或下达命令时，只要按下键盘上的相应键即可(详细介绍请参照第三节)，如图 2-16 所示。

图 2-16　键盘

2. 鼠标

鼠标是另外一种特别常用的输入设备，它可以准确移动光标，输入各种命令，完成各种操作。常用鼠标的分类方式有以下两种：

(1) 按结构来分，分为机械鼠标、光电鼠标、激光鼠标和轨迹球鼠标等，如图 2-17 所示。

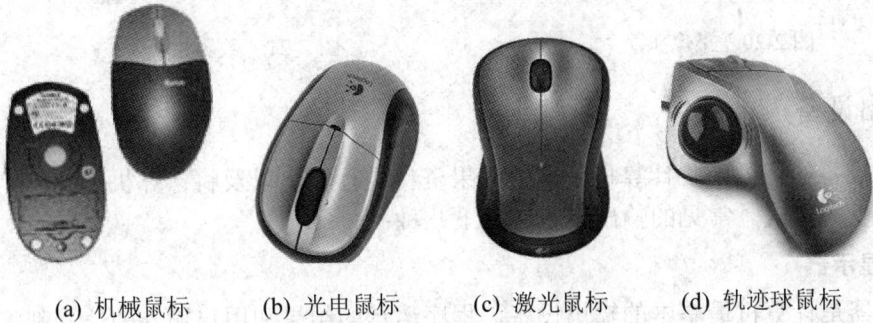

(a) 机械鼠标　　　　(b) 光电鼠标　　　　(c) 激光鼠标　　　　(d) 轨迹球鼠标

图 2-17　鼠标

(2) 按照与电脑的连接方式来分，分为串口鼠标、PS/2 鼠标和 USB 鼠标，如图 2-18 所示。

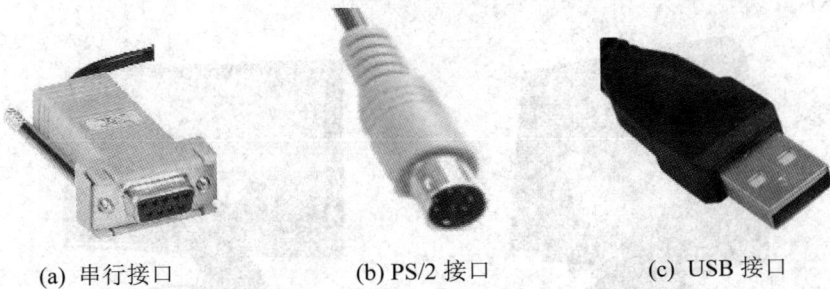

(a) 串行接口　　　　　　(b) PS/2 接口　　　　　　(c) USB 接口

图 2-18　鼠标的三种接口

3．扫描仪

扫描仪也是输入设备之一，但不是常规设备，可以根据需要选择是否配置，常用来扫描图片、相片和文本。有的扫描仪可以用来扫描立体实物，如图 2-19 所示。

图 2-19　清华紫光扫描仪

4．摄像头和数码相机

摄像头和数码相机都不是计算机的常规外设，但可以拓展计算机的使用功能，可以根据需要选择是否配置，如图 2-20、图 2-21 所示。

图 2-20　摄像头　　　　　　　　　　　　　图 2-21　数码相机

五、输出设备

输出设备的任务是将计算机处理的结果资料进行输出以及将计算机内部的信息转换成人们可接受的形式。常见的输出设备有以下几种：

1．显示器

显示器是计算机最基本的输出设备，程序运行的结果和用户输入的信息都将在显示器上显示出来。显示器下部通常有一些按钮，可以用来调节屏幕的亮度、对比度以及显示区域的大小和位置等。

根据工作原理不同，显示器可以分为 CRT 显示器(如图 2-22 所示)和 LCD 液晶显示器(如图 2-23 所示)。

图 2-22　CRT 显示器　　　　　　　　　图 2-23　LCD 液晶显示器

显示器的主要性能指标包括以下几个方面：

(1) 显示器尺寸与可视面积。显示器尺寸是显示屏对角线的长度，以英寸为单位。可视面积指的是真正可以看到画面的面积。

(2) 分辨率。分辨率(Resolution)就是指构成图像的像素和，即屏幕包含的像素个数。它一般表示为水平分辨率和垂直分辨率的乘积。比如 1024×768，表示水平方向最多可以包含 1024 个像素，垂直方向是 768 像素，屏幕总像素的个数是它们的乘积。分辨率越高，画面包含的像素数就越多，图像越细腻清晰。

(3) 点距。点距(或条纹间距)是显示器的一个非常重要的硬件指标。所谓点距，是指一种给定颜色的一个发光点与离它最近的相邻同色发光点之间的距离，这种距离不能用软件来更改，这一点与分辨率是不同的。在任何相同分辨率下，点距越小，显示图像越清晰细腻，分辨率和图像质量也就越高。

(4) 带宽。带宽是显示器的一个非常重要的参数，能够决定显示器性能的好坏。所谓带宽是显示器视频放大器通频带宽度的简称，一个电路的带宽实际上是反映该电路对输入信号的响应速度。带宽越宽，惯性越小，响应速度越快，允许通过的信号频率越高，信号失真越小，它反映了显示器的解像能力。

(5) 刷新率。显示器的刷新率分为垂直刷新频率和水平刷新频率。垂直刷新频率也叫场频，是指每秒显示器重复刷新显示画面的次数，以 Hz 表示。这个刷新的频率就是我们通常所说的刷新率。如果刷新率低，显示的图像会出现抖动，这也就是我们看电视时图像闪烁的原因，因此，垂直刷新率越高，图像越稳定，质量越好。与垂直刷新率相对应的一项指标是水平刷新率，也叫行频，是指显示器 1 s 内扫描水平线的次数，以 kHz 为单位。

(6) 响应时间。响应时间指的是显示器对于输入信号的反应速度。标准电影每秒约播放 25 帧图像，即每帧 40 ms。当显示器的响应时间大于这个值的时候就会产生比较严重的图像滞后现象。

除了以上几个核心参数外，显示器的亮度与对比度、可视角度、色彩和显示效果等也是评判一台显示器优劣的重要指标。

2．打印机

打印机通过并口与主机相连，可分为针式、喷墨和激光三种，如图 2-24 所示。

(a) 针式打印机　　　　　(b) 喷墨打印机　　　　　(c) 激光打印机

图 2-24　打印机

3．音箱

音箱是声音的输出设备，是多媒体计算机的必备外设，有 2.0 音箱(就是两个音箱，一个左一个右)、 2.1 音箱(就是两个音箱再加一个低音炮)、 5.1 音箱(就是 5 个小音箱，叫卫星音箱，再加一个低音炮)等，如图 2-25 所示。

(a) 2.0 音箱　　　　　　　　(b) 2.1 音箱　　　　　　　　(c) 5.1 音箱

图 2-25　音箱

六、从外观看计算机的组成

从外观看，计算机一般可以分成主机箱、显示器、键盘、鼠标等几部分，如图 2-26 所示。

图 2-26　计算机的组成

计算机的绝大部分部件都装配在主机箱中。主机箱的前面板上通常有电源开关按钮(Power)、指示灯和光盘驱动器等，主机箱后部有键盘、鼠标、显示器、串行/并行、USB 等接口，现在大部分电脑的 USB 接口同时还安装在前面板上，如图 2-27 所示。

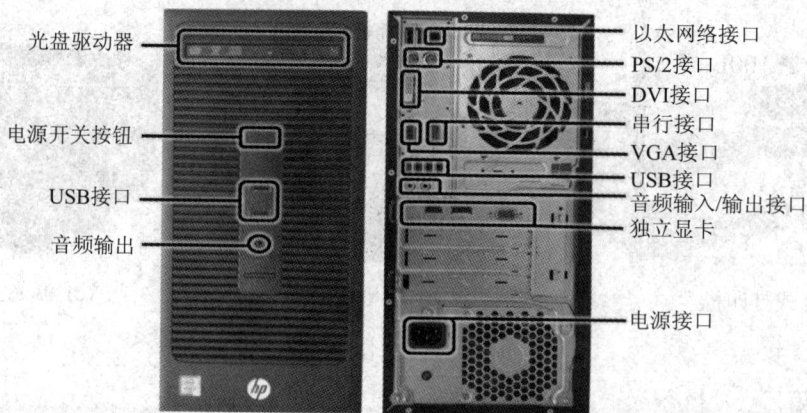

光盘驱动器

电源开关按钮

USB接口

音频输出

以太网络接口
PS/2接口
DVI接口
串行接口
VGA接口
USB接口
音频输入/输出接口
独立显卡

电源接口

图 2-27　主机箱

七、国产 CPU 龙芯简介

1．国产 CPU 龙芯

龙芯(Loongson，旧称 Godson)是中国科学院计算所自主研发的通用 CPU，采用简单指令集，类似于 MIPS 指令集。过去，代表着国际 IT 顶尖技术的 CPU 芯片一直被英特尔等国外巨头所垄断，中国企业及消费者为之付出了巨额版权费。神州龙芯公司先后推出了"龙芯 1 号"、"龙芯 2 号"，打破了中国无"芯"的历史。"龙芯"的诞生被业内人士誉为民族科技产业化道路上的一个里程碑。

2．国产龙芯的发展历程及性能

(1) 龙腾服务器：基于龙芯 1 号。

2001 年 10 月，中科院计算所成功研制出我国第一款通用 CPU——"龙芯 1 号"。2002 年 9 月，曙光推出了完全自主知识产权的"龙腾"服务器，采用了"龙芯-1"CPU、曙光和中科院计算所联合研发的服务器专用主板以及曙光 Linux 操作系统，这是国内第一台实现完全自有产权的服务器产品。2002 年，"龙芯 1 号"芯片研制成功，标志着中国拥有了真正自主知识产权的处理器产品，如图 2-28 所示。

图 2-28　龙芯 1 号

(2) 龙芯防火墙：基于龙芯 2E 和龙芯 2F。

在历经"雷声大，雨点小"的龙腾服务器项目沉寂多年之后，曙光开始在网络安全市场寻求龙芯 CPU 产业化的突破。2007 年 8 月，曙光推出首款基于龙芯处理器的网络安全产品——曙光 100L 防火墙，如图 2-29 所示。

图 2-29　曙光 100L 防火墙

该产品采用龙芯 2E 处理器，曙光自主开发主板，结合曙光自主的防火墙软件，形成了软硬件一体化的防火墙安全系统，实现了从硬件到软件、从系统到芯片的完全自主知识产权。据了解，龙芯 2E 是 64 位的通用 RISC 处理器，采用 90 nm 的 CMOS 工艺制造，最高工作频率为 1 GHz，典型工作频率为 600～800 MHz，实测功耗为 5～7 W，综合性能达到高端奔腾 3、中低端奔腾 4 处理器的水平，完全可满足百兆防火墙的应用需求，如图 2-30 所示。

2008 年 11 月，曙光又推出了基于新一代龙芯 2F 的千兆防火墙产品，在设计上吸收了龙芯 2E 百兆防火墙的经验，并对软件进行了重大升级。作为一款完全自主知识产权的产品，曙光龙芯防火墙在市场上取得了不俗的业绩，在各政府系统、公安、法院、社保、证券、军工、电力、教育等行业得到广泛应用，堪称目前市场化程度最高的一款龙芯企业级产品，如图 2-31 所示。

图 2-30　龙芯 2E

图 2-31　龙芯 2F

(3) 龙芯高性能计算机：基于龙芯 2F 和龙芯 3A。

2007 年 12 月，首台采用国产高性能通用处理器芯片"龙芯 2F"和其他国产器件、设备和技术的万亿次高性能计算机"KD-50-I"在中国科学技术大学研制成功。"KD-50-I"万亿次计算机采用单一机柜，集成了 336 颗"龙芯 2F"处理器，理论峰值计算能力达到 1 万亿次/秒。

2010 年 4 月，中国科学技术大学和深圳大学联合研制成功基于新一代龙芯 3A 处理器的万亿次高性能计算机系统 KD-60。KD-60 在 18U 高的机柜中集成了 80 余颗"龙芯 3A"四核处理器，理论峰值计算能力达到 1 万亿次/秒。与龙芯 2F 相比，龙芯 3 号制作工艺从 90 nm 变成了 65 nm，主频 1 GHz，晶体管数量从 4700 万个变成了 4.25 亿个，从单核直接进入了四核(龙芯 3A)和 8 核(龙芯 3B)设计。与 KD-50-I 相比，KD-60 体积减小了 2/3，相当于家用洗衣机的大小，整机功耗只有 2381 W，降低了 56%。

(4) 龙芯刀片服务器：基于龙芯 3A。

如果说中科大的龙芯高性能计算系统很大程度上仅局限于科研领域，那么曙光新一代的龙芯服务器便开始让龙芯 3 号走向产业化。

2010 年 4 月，曙光高调发布新一代龙芯服务器：基于龙芯 3A 的刀片服务器 CB50-A，可安装在曙光 TC2600 刀片机箱中。该产品同时采用红旗 Redflag Linux 操作系统，兼容主流 Linux 应用软件，是一款从刀片服务器硬件、底层软件、处理器到操作系统完全国产化的划时代服务器和高性能计算平台。CB50-A 采用双处理器架构，共有 8 个处理器核心，峰值性能达 32GFlops，支持最大 64 GB 内存，单刀片功耗不超过 110 W。

(5) 主流产品。

最新的四核龙芯 3A3000 通过结构优化改进，实测主频突破 1.5 GHz，整体性能大幅提高，并在 2016 年底实现了小规模量产。龙芯 3A3000 目前已经有了相关的笔记本电脑、一体机和台式机等产品。龙芯 3A3000 用实践证明自主研发可以胜过技术引进，这款 CPU 具有里程碑意义，如图 2-32 所示。

图 2-32　龙芯 3A3000

3B3000 则是经过测试支持通过直连形成多路服务器的芯片，用于服务器的 CPU，支持多路互联。

3．未来的龙芯服务器和龙芯超级计算机

中科院计算所已经明确了龙芯系列处理器的定位，其中龙芯 1 号 CPU 及其 IP 主要面向嵌入式应用，龙芯 2 号 CPU 及其 IP 面向高端嵌入式和桌面应用，龙芯 3 号多核 CPU 面向服务器和高性能机应用。据规划，龙芯 3 号将有多个版本：已经发布的四核龙芯 3A，后续将推出的八核龙芯 3B 及 16 核龙芯 3C 等，如图 2-33 所示。

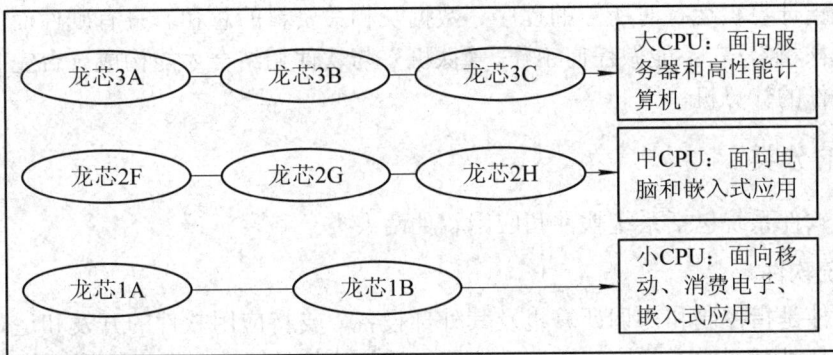

图 2-33　国产龙芯发展的方向

【阅读材料】

无"芯"谈何发展

众所周知，中国目前已经成为名副其实的"世界工厂"，到过"珠三角"、"长三角"的读者，特别是在此两地工厂工作过的应该有切身感受。众多外资企业将生产过程的低端部分——主要是加工和组装环节转移到中国，这些低端环节耗费劳动力多，劳动强度大，但附加值很低。

　　电脑业界赫赫有名的罗技鼠标，生产工厂设在苏州，每年向美国运送 2000 万个贴着"中国制造"标签的鼠标，每只在美国的售价约为 40 美元。在这一价格中，罗技拿 8 美元，分销商和零售商拿 15 美元，另外 14 美元进入零部件供应商的腰包，中国从每只鼠标中仅能拿到 3 美元，而且工人工资、电力、交通和其他开支全都包括在这 3 美元里！

　　站在电子爱好者角度看，鼠标的制造有何难？难就难在罗技能将小小鼠标产业做得这么大，关键在于其知识产权和品牌。说得极端一点，小小的 CPU 芯片，动辄成百上千甚至上万元一颗，其主要材料无非是一点金属和可从沙子中提炼的硅，但是不掌握 CPU 设计技术和芯片制造技术，我们又能有何选择？

　　对 PC 产业而言，包括联想、方正这样的大企业利润也是相当低的，主要原因就是我们买别人的芯片来组装，只是一个组装工厂而已。而且，在国际 CPU 巨头 AMD 与英特尔的明争暗斗中，中国 PC 厂商无论怎样都掩盖不了"看他人脸色"的尴尬处境，既要哄着占有份额优势的英特尔，又不敢得罪价格占优的 AMD，而这一切都源于我们无"芯"可挑大梁，源于中国 PC 业长期以来没有占据技术的制高点。

第二节　软　件　系　统

一、软件的概念

　　软件是指计算机运行时所需的程序、数据及相关资料的总和。只有硬件而无软件的计算机称作"裸机"，它不能做任何工作。"裸机"与软件相结合才能构成一台完整的、可以进行正常工作的计算机。

二、软件的分类

　　计算机软件系统包括系统软件和应用软件两大类。

1. 系统软件

　　系统软件是指控制和协调计算机及其外部设备，支持应用软件的开发和运行的软件，其主要功能是进行调度、监控和维护系统等。系统软件是用户和裸机的接口，主要包括：

　　(1) 操作系统。操作系统是计算机的一个大型软件，用它实现计算机"自己管理自己"，是计算机的"大管家"。概括起来，操作系统具有三大功能：管理计算机软、硬件资源，使之有效应用；组织协调计算机的运行，以增强系统的处理能力；提供人机接口，为用户提供方便。如 DOS、Windows 98、Windows 2000、Windows XP、Windows 7/10、Linux、UNIX 等。

　　(2) 各种语言处理程序。人们日常生活中用于人际交流的语言称为自然语言。而计算机内部进行信息处理时，则使用特定的程序语言。这些程序是由人来编写，经过语言的处理程序翻译成机器指令后指挥机器硬件工作的。常见的语言处理程序有 Visual Basic、Visual C++、Delphi 等。

　　(3) 例行服务程序。例行服务程序是指各种硬件设备的驱动程序(显卡驱动程序、网卡驱动程序等)，以及各种硬件诊断程序。

(4) 数据库管理系统。数据库管理系统是数据库系统中对数据进行管理的系统软件，是数据库系统的核心，用户对数据库的一切操作都通过数据库管理系统来实现，如 SQL Server 2000、Access、FoxPro、Oracle 等。

2．应用软件

应用软件是用户为解决各种实际问题而编制的计算机应用程序及其有关资料。应用软件主要有以下几种：

(1) 文字处理软件：用于输入、存储、修改、编辑、打印文字材料等，例如 WPS Office、Microsoft Office 2010。

(2) 辅助设计软件：用于高效地绘制、修改工程图纸，进行设计中的常规计算，帮助人寻求好的设计方案，例如图像处理软件 Photoshop、动画处理软件 3D MAX、画图处理软件 AutoCAD 等。

(3) 信息管理软件：用于输入、存储、修改、检索各种信息等，例如各种财务管理软件、税务管理软件、工业控制软件、工资管理软件、辅助教育等。

(4) 实时控制软件：用于随时搜集生产装置、飞行器等的运行状态信息，以此为依据按预定的方案实施自动或半自动控制，安全、准确地完成任务。

第三节　键盘操作

一、键盘的键位分布

键盘是微机必备的输入设备。键盘上键位的排列按用途可分为字符键区、功能键区、全屏幕编辑键区和小键盘区，如图 2-34 所示。

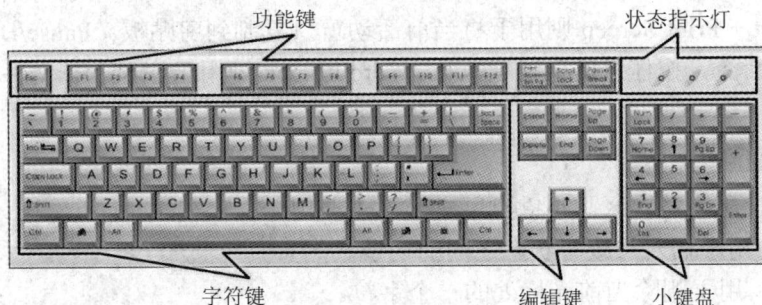

图 2-34　键位分布图

1．字符键区

字符键区是键盘操作的主要区域，包括 26 个英文字母、0～9 共 10 个数字、运算符号、标点符号、控制键等。

(1) 字母键：共 26 个，按英文打字机字母顺序排列，在字符键区的中央区域。计算机开机后，默认的英文字母输入为小写字母。如需输入大写字母，可按住上挡键 Shift 后击打字母键，或按大写字母锁定键 Caps Lock(此时，小键盘区上部对应的 Caps Lock 指示灯亮，表明键盘处于大写字母锁定状态)，击打字母键可输入大写字母。再次按 Caps Lock 键(小键盘区上部对应的 Caps Lock 指示灯灭)，重新转入小写字母输入状态。

(2) 上挡键 Shift：在字符键区左右两边各有一个。按住该键再击打字符键，可输入字符键上面的符号。

(3) 大写字母锁定键 Caps Lock 键：在字符键区的左侧。按一次该键，小键盘区上部对应的 Caps Lock 指示灯亮，此时字母键锁定在大写状态。再按一次该键，对应的指示灯灭，此时恢复为小写字母输入状态。

(4) 数字键：共 10 个，在字符键区的上方。每个数字键上都有两个符号，直接按下数字键，可输入数字。按住 Shift 键击打数字键，则可输入数字键上面的符号。

(5) 空格键 Space：在字符键区的下方。按一次空格键可在当前位置插入一个空格。

(6) 退格键 Back Space：在字符键区的右上角。按一次退格键，可删除光标前的一个字符，后面的字符自动前移。

(7) 回车键 Enter：在字符键区的右侧，小键盘区也有一个。按下该键一般表示执行某个命令。如在文字编辑时，按下该键则表示换行。

(8) 复合控制键 Ctrl 和 Alt：在字符键区下方的左右两边各有一个。这两个键一般与其他键联合使用，起特殊的控制作用。如在 DOS 操作系统环境下，Ctrl + Alt + Del(即同时按下三键)表示热启动。

2．功能键区

功能键区位于字符键区的上方。

(1) 操作功能键。Esc 和 F1～F12 为操作功能键，通常被定义成某些常用的操作，在不同的软件中有不同的定义，如 Esc 键常被赋予为退出，在 WPS 中，也用作打开菜单。

(2) 控制功能键。Print Screen、Scroll Lock、Pause/Break 为控制功能键，在 DOS 状态下，Print Screen 键用于将屏幕内容送打印机输出，在 Windows 中，用于将整个屏幕复制到剪贴板，而 Alt + Print Screen 则用于将当前活动窗口复制到剪贴板。Pause/Break 键用于暂停执行程序或命令，按任意键再继续执行。Scroll Lock 键用于在显示长文件时，暂停屏幕滚动。

3．编辑键区

编辑键区位于字符键区与小键盘区之间，主要用于文字编辑。

Insert 键：用于插入与改写状态之间的切换。

Delete 键：用于删除当前光标处的一个字符。

Home 键：一般用于使光标移动到行首。

End 键：一般用于使光标移动到行尾。

Page Up 键：用于向上翻页。

Page Down 键：用于向下翻页。

上、下、左、右四个光标键：用于使光标向箭头方向移动一行或一列。

4．小键盘区

小键盘区位于键盘的右侧，其上字符的功能与字符键区和编辑键区相同，一般用于快速输入。

Num Lock 键用于锁定输入数字或编辑时移动光标。当上面的 Num Lock 指示灯亮时，小键盘锁定于输入数字状态；指示灯灭时，小键盘锁定于移动光标状态。

二、键盘操作

1．正确的操作姿势

(1) 腰部坐直，两肩放松，上身微向前倾。

(2) 手臂自然下垂，小臂和手腕自然平抬。

(3) 手指略微弯曲，左右手的食指、中指、无名指、小指依次轻放在 F、D、S、A 和 J、K、L、；八个键位上，并以 F 与 J 键上的凸出横条为识别记号，大拇指则轻放于空格键上，如图 2-35 所示。

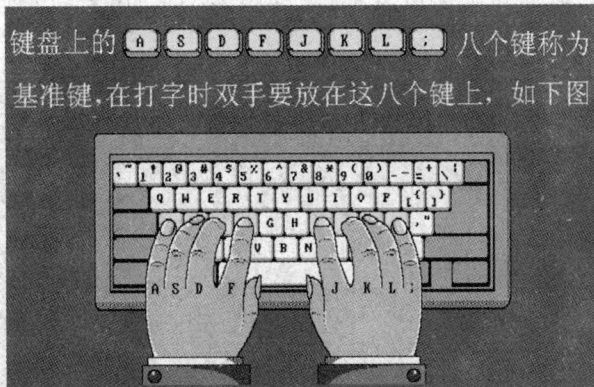

图 2-35　手指的位置

(4) 眼睛看着文稿或屏幕。

(5) 击键时，伸出手指弹击按键，之后手指迅速回归基准键位，做好下次击键准备。如需按空格键，则用右手大拇指横向下轻击。如需按回车键 Enter，则用右手小指侧向右轻击。

输入时，目光应集中在稿件上，凭手指的触摸确定键位，初学时尤其不要养成用眼看确定指位的习惯，如图 2-36 所示。

图 2-36　标准姿势

2．正确的指法

左手食指：定位 F 键，击打 T、R、G、F、B、V 键和 5、4 数字键。

左手中指：定位 D 键，击打 E、D、C 键和 3 数字键。

左手无名指：定位 S 键，击打 W、S、X 键和 2 数字键。

左手小指：定位 A 键，击打 Q、A、Z 键和 1、～、Tab、Caps Lock、左 Shift 键。

右手食指：定位 J 键，击打 Y、U、H、J、N、M 键和 6、7 数字键。

右手中指：定位 K 键，击打 I、K、，键和 8 数字键。

右手无名指：定位 L 键，击打 O、L、. 键和 9 数字键。

右手小指：定位；：键，击打 P、；、/ 键和 0、-、=、Back Space、[、]、\、Enter、右 Shift 键。

进行盲打练习前应先记键盘的键位分布。初学时，手指操作应各归其位，不要胡乱代替，以养成良好的击键习惯，如图 2-37 所示。

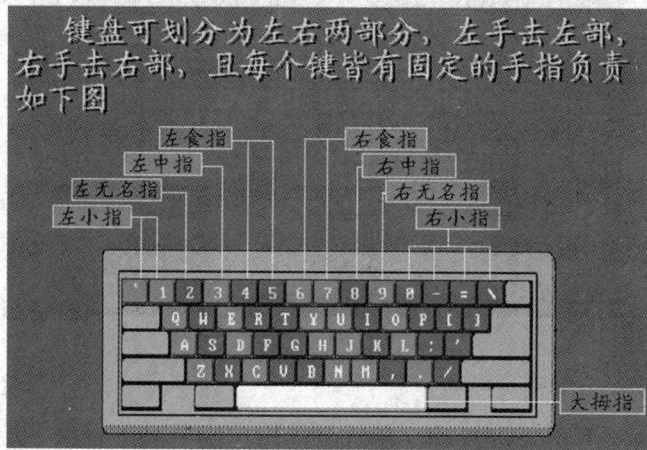

图 2-37　正确的指法图

3．基本指法练习

基本指法练习也就是对字母键的练习，其最终目的是实现键盘盲打。在此我们把字母键分成上排键、中排键以及下排键，如图 2-38 所示。

图 2-38　键盘分区图

(1) 中排键练习——首先是从左手到右手，逐个指头击键三次，然后用拇指击空格键，寻找指法的手感，揣摩击键的方法。第二步，配合练习软件 Ccit 3000 按照屏幕的提示，寻找正确的键位，直到能够盲打为止。

(2) 上排键练习——在进行上排键的练习前一定要掌握中排键的击键方法，并按照中排键的击键练习步骤进行。

(3) 下排键练习——下排键的练习方法与上排键的练习相同，在中排键的基础上进行。最后可以混合三排键进行练习。

这里重点介绍 Ccit 3000 打字软件里的英语指法练习，包括初学者、中级以及高级三部分。第一部分(初学者)练习主要是用于对中排键、上排键以及下排键的练习，使练习者通过练习熟记字母键，实现盲打。

当第一部分练习实现盲打以后，进入第二部分(中级)练习。中级的文库主要是英文文章，通过中级的练习，就可以实现真正的盲打了。

完成第二部分的练习，只能对字母和简单的标点符号实现盲打，如果要实现整个键盘的盲打，就要进行第三部分(高级)的练习了。高级练习包括字母、符号、数字等练习。

4．数字键练习

数字键练习分为主键盘数字键练习和副键盘(或称数字键盘)数字键练习。主键盘上的数字键用双手击键，副键盘上的数字键用右手单手击键。

(1) 主键盘的数字键练习——左手食指管理 4、5 键，右手食指管理 6、7 键，其余手指依次对应其他各数字键。手指在击键后应当及时回到基准键上。

(2) 副键盘的数字键练习——保证数字锁定键指示灯亮，如果没有亮，需要按一次 Num Lock 键，使小键盘区为数字输入状态。大拇指负责 0 键，食指负责 1、4、7 键，中指负责 2、5、8 键，无名指负责 3、6、9 键，如图 2-39 所示。

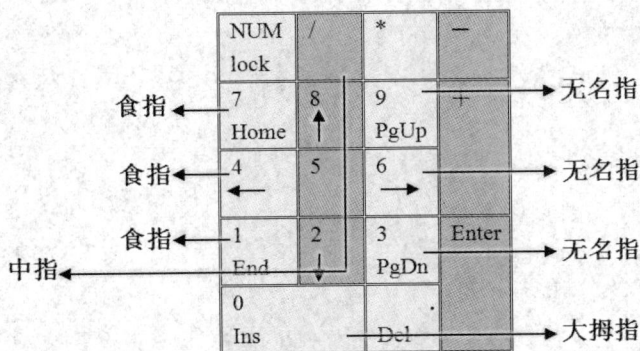

图 2-39　小键盘指法

习　题

1．面对机房中使用的计算机，说出各个硬件设备的名称，并说明其作用。

2．简述中国 CPU(龙芯)的发展史。

3．试想一下，如果计算机里没有安装应用软件，计算机将会怎样？

4．在你所学的软件当中，哪些是系统软件，哪些是应用软件？

5．根据新排的字母歌，熟悉字母在键位上的排列顺序。

6. 根据所讲的方法，进行中排键、上排键、下排键以及混合三排键的练习，直到实现盲打为止。

7. 进行数字键的练习，直到实现盲打为止。

8. 用 Ccit 3000 软件进行英文指法练习，要求使用"初学者"级别练习时速度达到每分钟 150 个字母，使用"中级"级别练习时速度达到每分钟 100 个字母。

第三章 操作系统的功能和使用

本章主要介绍操作系统的基础知识、Windows 7 操作系统基本操作以及 Android 操作系统的基础知识。

第一节 操作系统的基础知识

一、操作系统的概念

操作系统是计算机软件系统中最基本的软件，它是直接控制和管理计算机硬件、软件资源，合理地组织计算机工作流程，方便用户充分而有效地利用这些资源的程序的集合。

从用户的观点看，操作系统是用户和计算机之间的接口。有了操作系统，就可以使一台裸机变成一个可操作的、方便灵活的计算机系统。

从资源管理的观点看，操作系统是控制和管理计算机系统资源的管理软件。

从进程的观点看，操作系统是合理地组织计算机工作流程的大型软件。

从层次的观点看，操作系统是由若干层次、按照一定结构组成的有机体。

操作系统运行在裸机之上，是硬件的第一级扩充，任何软件和硬件都必须在操作系统的支持下运行。由于操作系统使用十分频繁，因此在设计时，除了确保其正确性外，还必须十分注重其运行效率。

二、操作系统的层次

一个计算机系统，按功能可划分为四个层次：硬件层、操作系统层、实用软件层和应用软件层，如图 3-1 所示。每一层都表示一组功能和一个界面，它们表现为一种单向服务的关系，即外一层软件必须以事先约定的方式使用内一层软件或硬件提供的服务，反之则不行。

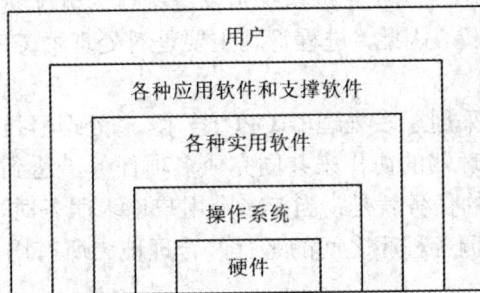

图 3-1 计算机系统层次示意图

硬件系统是计算机系统的基础，操作系统以及其他所有软件最终都要通过使用机器指令来访问和控制各种硬件资源。

包围硬件系统的操作系统层，控制和管理着硬件系统，向外层的各种实用软件和用户应用软件提供一个屏蔽硬件工作细节的良好使用环境。尽管操作系统处于系统软件的最里层，但却是其他所有软件的管理者。操作系统在计算机系统层次结构中是最为特殊的、极为重要的一层。它不仅接受硬件提供的服务，并向外层的系统实用软件层和用户应用软件层提供服务，而且还直接管理整个系统的硬件和软件资源。

实用软件层是由一组系统实用软件组成的，是除了操作系统以外的其他系统软件，如各种语言编译系统、各种系统工具软件、数据库管理系统等。系统软件的功能是为应用软件以及用户加工自己的程序和数据提供服务，并为系统管理人员提供系统日常维护手段。系统实用软件和操作系统，统称为系统软件，通常由计算机公司和厂商提供。实用软件和操作系统在使用时有不同之处：系统启动时，操作系统即由外存调入内存，并常驻内存；而实用软件是常驻外存的，只有需要时才由操作系统将其调入内存。

应用软件层包括各种用户应用软件，如办公自动化系统、事务处理系统、自动订票系统，财务管理系统等。另外，还包括用户自己编制的各种应用程序。

三、操作系统的功能

引入操作系统的目的，一是方便用户使用计算机系统。一个好的操作系统，应该为用户使用计算机提供良好的界面，使用户不必了解系统硬件和系统软件的细节就能方便地使用计算机；二是充分发挥计算机系统资源的使用效率。系统资源包括硬件资源和软件资源两大类。硬件资源包括中央处理器(CPU)、内存储器和各种外部设备等；软件资源包括各种程序、数据、程序库和共享文件等信息资源。

操作系统的内容相当丰富，为了便于把握其要点，我们从资源管理的角度来介绍它所应具有的功能。通常把操作系统的功能分为进程管理、存储管理、设备管理、文件管理和作业管理五大功能。

1. 进程管理

进程是一个具有独立功能的程序对某个数据集在处理器上的执行过程。程序是指示处理器执行操作的规则集；数据是处理器操作的对象；处理器是按照程序的指令实现操作的装置。由此可见，进程的概念全面地反映了计算机系统在解决一个问题时所涉及的程序、处理器和数据之间的关系。现代计算机系统是以进程作为分配资源的基本单位，也是以进程作为独立运行的基本单位。因此，进程管理主要是对处理器(CPU)进行管理，又称处理器管理。

现代计算机系统广泛采用了多处理器(CPU)技术。多处理器技术是在一个计算机系统中含有多个处理器，通过处理器的协作来共同完成多项任务，达到并行处理的效果。在多处理器架构中，其进程管理的任务就是：当有多个用户请求服务时，能够充分发挥 CPU 的作用，提高其使用效率，协调各程序之间的运行，合理地为所有用户服务。

2. 存储管理

存储管理是指对内存储器的管理。程序的指令和数据只有存放在 CPU 能直接访问的内存中，该程序才能被执行。采用多道程序设计技术，就要在内存中同时存放多个程序，这就要求存储管理应具有下列四个功能：

(1) 内存的分配与释放。当某一作业申请使用内存资源时，系统根据内存的实际情况，按照一定的算法进行分配。若根据当时的情况不能满足申请者的要求时，则让申请者处于等待内存资源的状态；当内存中某个作业撤离或主动归还内存资源时，存储管理负责回收，使之成为自由区域。

(2) 内存共享。内存共享包括两个方面的内容：一是共享内存资源，采用多道程序设计技术，使若干个程序同时进入内存，各自占用一定数量的内存空间，共同使用整个内存资源；二是共享内存的某些区域，将若干作业共有的程序段或数据存放在某个内存区域，各作业运行时都可对其进行访问。

(3) 存储保护。内存中既有系统程序，又有若干用户程序。为防止用户程序在执行时破坏系统程序及避免用户程序间的相互干扰，必须对内存中的程序和数据进行保护。一般是由硬件提供保护功能，软件配合实现。

(4) 内存扩充。通过采用覆盖、交换、虚拟存储等技术，为用户提供一个足够大的地址空间。

覆盖技术是指在求解一个问题的不同阶段上，反复使用同一内存区域的技术。一个大型程序可先把其中的一部分装入内存，其余部分在执行过程中根据请求，动态地装入到先前调入的程序模块所占用的内存区域，即所需的新信息占用了不再需要保存的旧信息的位置。

交换技术是指允许一个已装入内存的作业，仍能把它交换出内存或再交换入内存(通常称为滚进滚出)。交换出的作业，通常以文件的形式存放在外存中，当需要时再将其调入内存。

虚拟技术是指用指令的地址空间表示一个充分大的、但实际并不存在的存储空间，从而使用户可以运行比占用实际内存空间还要大的程序。

存储管理的目的，一是方便用户，使用户在编制程序时可以完全不考虑程序在内存中的实际地址；二是大大提高了内存空间的利用率。

3. 设备管理

设备管理程序是操作系统中用户与外部设备之间的接口。其主要功能是分配、回收外部设备和控制设备运行。

设备管理的目标是提高外部设备的使用效率，为用户提供一个方便、统一的界面。为实现此目标，设备管理应具有以下三个功能：

(1) 设备分配。在多道程序环境下，设备管理程序按照一定的算法把某输入/输出设备(简称 I/O 设备)及相应的设备控制器和通道，分配给某个用户或进程。

(2) 缓冲区管理。在内存设立一些缓冲区，使快速的 CPU 和慢速的设备之间通过缓冲区传送数据，从而实现设备与设备之间、设备与 CPU 之间快速、协调地工作。因此需要设备管理程序实施缓冲区的建立、分配与释放。

(3) 实施具体 I/O 操作。根据用户的输入输出请求，生成相应的通道程序并提交通道，然后用专门的通道指令启动通道，对指定的设备进行 I/O 操作。

4．文件管理

操作系统中，把负责存取和管理信息的机构称为文件系统。文件系统应具有下列功能：

(1) 决定文件信息的存放位置、存放形式及存取权限等；

(2) 实现文件由文件名空间到文件存储地址空间的映射；

(3) 实现对文件的建立、删除、打开、关闭等控制操作，以及读、写、修改、复制、删除等存取操作；

(4) 管理外存空间；

(5) 管理存取文件而使用的内存空间；

(6) 建立和管理文件之间的联系，如转换、拼装等。

5．作业管理

作业是指用户在一次算题过程中，或一次事务处理过程中，要求计算机系统所做工作的集合。一个作业必须经过若干加工步骤才能得到结果，其中每一个加工步骤称为作业步。系统在完成一个作业步时，可以建立一个或几个进程，作业步所完成的工作，就是这些进程的执行结果。在批处理系统中，把一批作业按用户提交的先后顺序依次安排在输入设备上，然后依次读入系统并进行处理，从而形成一个作业流。

一个作业从进入系统到执行结束，一般需要经历收容、执行和完成三个阶段。相应地，可以说作业处于后备、执行和完成三个不同的状态。

作业管理有两个部分：一是作业调度；二是作业控制。作业控制有联机作业和脱机作业两种方式。

四、操作系统的分类

操作系统按功能可分为：批处理操作系统、分时操作系统、实时操作系统和通用操作系统。

1．批处理操作系统

用户将一批作业提交给操作系统后就不再干预，由操作系统控制它们自动运行，这种采用批量处理作业技术的操作系统称为批处理操作系统。批处理操作系统不具有交互性，即用户同作业之间没有交互作用，不能直接控制作业的运行，它是为了提高 CPU 的利用率而设计的一种操作系统。

在批处理系统中，可以有多个作业同时在内存中运行(即多道批处理)，也可以只有一个作业(即单道批处理)。现代计算机上的批处理系统，几乎都是多道批处理系统。

批处理系统需要解决用户作业的组织、控制、调度、连接以及输入输出等。由于它禁止用户与计算机系统的交互，因此比较适合那些对处理时间要求不太严、作业运行步骤比较规范、程序已经经过考验的作业。批处理系统的设计目标是提高系统资源的使用效率和作业吞吐量(单位时间内处理作业的个数)。

2．分时操作系统

所谓分时，是指把计算机的系统资源(尤其是 CPU)进行时间上的分割，分成一个个时间片供多个用户使用，每个用户依次轮流使用时间片。这种能分时轮流地为各终端用户服务并及时地对用户服务请求予以响应的计算机系统，称为分时系统。分时系统一般可接纳几十甚至上百个用户。但由于内存空间有限，往往采用滚进滚出的覆盖技术来提高主存使用率。

分时系统有下列特征：

(1) 同时性：多个用户同时使用一台计算机。微观上看是各用户轮流使用计算机；宏观上看则是各用户同时在并行工作。

(2) 独立性：用户之间独立操作，互不干扰，系统保证各用户程序运行的完整性，不发生相互混淆或破坏现象。

(3) 交互性：用户可以通过终端直接控制程序运行，同其程序之间进行会话。

(4) 及时性：系统能对用户的输入及时做出响应。

分时系统设计的主要目标是对用户请求及时响应，并在可能的条件下尽量提高系统资源的利用率。

3．实时操作系统

所谓实时，是指对随机发生的外部事件做出及时响应，并对其进行处理，所发生的外部事件并非是由人来启动和直接干预引起的。实时系统就是以此种方式工作的管理和控制系统。

实时系统通常包括实时过程控制和实时信息处理两种系统。实时系统设计的目标是提高实时响应及处理的能力和高可靠性。但对系统资源利用率要求不高，为保证高可靠性甚至在硬件上采用冗余措施。

实时系统、批处理系统和分时系统的不同之处在于：

(1) 无论批处理系统还是分时系统，都是属于处理用户作业的通用系统。系统本身没有要完成的作业，只起着管理、调度系统资源、向用户提供服务的作用。实时系统是一种专门为某种应用而设计的专用系统，系统本身就包含有控制实时过程和处理实时信息的专用程序。

(2) 实时系统要求对外部事件响应迅速、及时。外部事件通常以中断方式通知系统，因此要求系统有较强的中断处理机构、分析机构和任务开关机构。而分时系统要求及时响应是以人能接受的等待时间为标准的，响应时间稍长或稍短一点不会造成"灾难性"后果。

(3) 实时系统对可靠性要求极高，为此通常采用双机系统。

(4) 实时信息处理系统也有多终端用户问题，但实时系统仅允许操作员访问有限的专用程序，不能编写程序或修改已有程序。

4．通用操作系统

批处理系统、分时系统和实时系统是三种基本类型。如果一个操作系统兼有上述两者或三者的功能，则该系统称为通用操作系统。在通用操作系统中，通常把需要及时响应的用户作业作为前台，而把批处理作业作为后台。只有前台作业不需要处理器时，后台作业才能得以处理。一旦前台作业需要运行，则后台作业立即暂停。

五、常用操作系统

1．DOS

DOS (Disk Operating System) 是 Microsoft 公司在 20 世纪 70 年代研制的配置在 PC 机

上的单用户命令(字符)界面操作系统。它曾经广泛地应用在 PC 上，对于计算机的应用普及可以说是功不可没。DOS 的特点是简单易学，硬件要求低，但存储能力有限，现已被 Windows 替代。

2. Windows

微软公司的 Windows 操作系统是基于图形用户界面的操作系统。因其生动、形象的用户界面，简便的操作方法，吸引着成千上万的用户，成为目前装机普及率最高的一种操作系统。

微软公司从 1983 年开始开发 Windows，1990 年 5 月推出的 Windows 3.0 在商业上取得了惊人的成功，不到 6 周就售出了 50 万份 Windows 3.0 拷贝，这是微软公司在操作系统上垄断地位的开始。其后推出的 Windows 3.1 引入了 TrueType 矢量字体，增加了对象链接和嵌入技术(OLE)以及多媒体支持。但此时的 Windows 必须运行于 MS-DOS 上，因此并不是严格意义上的操作系统。

微软公司于 1995 年推出了 Windows 95，它可以独立运行而无需 DOS 支持。Windows 95 在 Windows 3.1 的基础上做了许多重大改进，包括网络和多媒体支持、即插即用(Plug and Play)支持、32 位线性寻址的内存管理和良好的向下兼容性等。随后又推出了 Windows 98 和网络操作系统 Windows NT。

2000 年，微软公司发布的 Windows 2000 有两大系列：Professional(专业版)及 Server 系统(服务器版)，包括 Windows 2000 Server、Advanced Server 和 Data Center Server。Windows 2000 可进行组网，因此它又是一个网络操作系统。

2001 年 8 月 25 日，微软公司发布了 Windows XP，最初发行了两个版本，家庭版 (Home)和专业版(Professional)。专业版在家庭版的基础上添加了新的面向商业设计的网络认证、双处理器支持等特性。它包括简化了的 Windows 2000 的用户安全特性，并整合了防火墙。

2006 年 11 月 30 日微软公司发布了 Vista 系统。加入了"毛玻璃"界面效果，设置也较为人性化，集成了 Internet Explorer 7。但是兼容性不理想，硬件配置要求也比较高。

2009 年 10 月微软公司发布了 Windows 7 操作系统，Windows 7 的设计主要围绕五个重点——针对笔记本电脑的特有设计；基于应用服务的设计；用户的个性化；视听娱乐的优化；用户易用性的新引擎。Windows 7 降低了对硬件配置的需求，使得在 2005 年以后的主流硬件配置的电脑能够较流畅地运行 Windows 7。Windows 7 有 6 个版本：

- Windows 7 Starter(简易版)；
- Windows 7 Home Basic(家庭普通版)；
- Windows 7 Home Premium(家庭高级版)；
- Windows 7 Professional(专业版)；
- Windows 7 Enterprise(企业版)；
- Windows 7 Ultimate(旗舰版)。

上述版本中，用得比较多的是旗舰版，这个版本不仅易用而且流畅。Windows 7 操作系统的配置要求如表 3-1 所示，如果要有更好的运行效果，最好达到如表 3-2 所示的推荐配置标准。

表 3-1 　Windows 7 操作系统最低配置

设备名称	基本要求	备　注
CPU	1 GHz 及以上	目前主流 CPU 都满足要求
内存	1 GB 及以上	安装识别的最低内存是 512M
硬盘	20 GB 以上可用空间	系统安装后就占用 20G 左右的硬盘空间,最好保证安装系统的分区有 30 GB 以上的空间
显卡	支持 DirectX 9 的显卡, 64 MB 以上显存	128 MB 以上的显存才可以打开 AERO 主题的玻璃效果
其他设备	DVD R/RW 驱动器或者 U 盘等其他储存介质	安装用。如果需要可以用 U 盘安装 Windows 7,这需要制作可启动 U 盘

表 3-2 　Windows 7 操作系统推荐配置

设备名称	基本要求	备　注
CPU	64 位双核以上的处理器	Windows 7 包括 32 位及 64 位两种版本,计算机内存大于等于 4 GB,推荐使用 64 位的版本
内存	1.5G DDR2 及以上	3G 以上更佳
硬盘	50 GB 以上可用空间	因为应用软件等还要占用若干空间
显卡	支持 DirectX 10 以上级别的独立显卡	显卡支持 DirectX 9 就可以开启 Windows Aero 特效
其他设备	DVD R/RW 驱动器或者 U 盘等其他储存介质	

在 Windows 7 中,集成了 DirectX 11 和 Internet Explorer 8。DirectX 11 作为 3D 图形接口,不仅支持未来的 DirectX 11 硬件,还向下兼容当前的 DirectX 10 和 10.1 硬件。Windows 7 还具有超级任务栏,提升了界面的美观性和多任务切换的使用体验。到 2012 年 9 月,Windows 7 的占有率已经超越 Windows XP,成为世界上占有率最高的操作系统。

Windows Server 2008 R2 是 Windows 7 的服务器版本,于 2009 年发售。Windows Server 2008 R2 重要的新功能包括:Hyper-V 加入动态迁移功能,作为最初发布版本中快速迁移功能的一个改进,Hyper-V 以毫秒计算迁移时间。与 VMware 公司的 ESX 或者其他管理程序相比,这是 Hyper-V 功能的一个强项;强化了 PowerShell 对各个服务器角色的管理指令。这是微软第一个支持 64 位的操作系统,支持多达 64 个物理处理器或最多 256 个逻辑处理器。

Windows 8 是微软公司开发的第一款带有 Metro 界面的桌面操作系统,该系统旨在让人们的平板电脑操作更加简单和快捷,为人们提供高效易行的工作环境,2011 年 9 月 14 日,Windows 8 开发者预览版发布,宣布兼容移动终端。2012 年 8 月 2 日,微软宣布 Windows

8 开发完成，正式发布 RTM 版本；10 月 25 号正式推出 Windows 8，微软自称触摸革命即将开始。

　　Windows Server 2012 是 Windows 8 的服务器版本，并且是 Windows Server 2008 R2 的继任者，该操作系统在 2012 年 9 月 4 日正式发售。Windows Server 2012 包含了一种全新设计的文件系统，名为 Resilient File System(ReFS)，以 NTFS 为基础构建而来，不仅保留了最受欢迎的文件系统的兼容性，同时可支持新一代存储技术与场景。

　　Windows 8.1 为后来的 Windows 10 铺路，Windows 10 是 Windows 8.1 的下一代操作系统，于 2015 年 7 月 29 日发行正式版。Windows 10 版本具有很多新特性，从 4 英寸屏幕的"迷你"手机到 80 英寸的巨屏电脑，都将统一采用 Windows 10 这个名称，这些设备将会拥有类似的功能，跨平台共享的通用技术也在开发中。Windows 10 结合触控与键鼠两种操控模式，可以直接操作剪贴板，支持更多功能快捷键。微软公司还推出了 Edge 浏览器作为 IE 的替代品。Edge 的新功能除了传统的上网、浏览功能之外，还增加了"网页笔记"模式、"询问小娜"搜索功能以及支持插件功能等。

3．UNIX

　　UNIX 操作系统，是一个多用户、多任务操作系统，支持多种处理器架构，属于分时操作系统。UNIX 是一种发展比较早的操作系统，在操作系统市场一直占有较大的份额。UNIX 的优点是具有较好的可移植性，可运行于许多不同类型的计算机上，具有较好的可靠性和安全性，支持多任务、多处理、多用户、网络管理和网络应用。1974 年 7 月 UNIX 第五版以"仅用于教育目的"的协议，提供给各大学作为教学之用，成为当时操作系统课程中的范例教材。目前 UNIX 操作系统主要应用于金融行业。

4．Linux

　　Linux 是一种源代码开放的操作系统。用户可以通过 Internet 免费获取 Linux 及其生成工具的源代码，然后进行修改，建立一个自己的 Linux 开发平台，开发 Linux 软件。

　　Linux 实际上是从 UNIX 发展起来的，与 UNIX 兼容，能够运行大多数的 UNIX 工具软件、应用程序和网络协议。Linux 继承了 UNIX 以网络为核心的设计思想，是一个性能稳定的多用户网络操作系统。同时，它还支持多任务、多进程和多 CPU。

　　Linux 版本众多，厂商们利用 Linux 的核心程序，再加上外挂程序，就变成了各种 Linux 版本。现在主要流行的版本有 Ubuntu、Debian、Red Hat、Fedora 等。国内开发的有深度、中标麒麟等。

5．Mac OS

　　Mac OS 是一套运行于苹果 Macintosh 系列电脑上的操作系统。Mac OS 是首个在商用领域获得成功的图形用户界面操作系统。现行的最新版本是 OS X 10.10 Yosemite。OS X 10.10 Yosemite 是苹果公司在 WWDC 2014 苹果开发者大会上发布的一款新的操作系统，拥有全新的界面设计及一些更新的功能，具有界面扁平化、进一步融入 iOS 功能和新版 Safari 等特点。

6．iOS 操作系统

　　iOS 是由苹果公司开发的移动操作系统。主要用于苹果公司的智能手机 iPhone 和 iPad。

苹果公司最早于 2007 年 1 月 9 日的 Macworld 大会上公布这个系统，最初是设计给 iPhone 使用的，后来陆续套用到 iPod touch、iPad 以及 Apple TV 等产品上。iOS 与苹果的 Mac OS X 操作系统一样，属于类 Unix 的商业操作系统。原本这个系统名为 iPhone OS，因为 iPad，iPhone，iPod touch 都使用 iPhone OS，所以 2010 WWDC 大会上宣布改名为 iOS(iOS 为美国 Cisco 公司网络设备操作系统注册商标，苹果改名已获得 Cisco 公司授权)。

7. Android

Android 是一种基于 Linux 的自由及开放源代码的操作系统，中文一般称作"安卓"，目前广泛使用在智能设备中，比如智能手机、平板、智能电视。由于 Android 的开放策略，以及智能设备的大规模普及使用，Android 如今已超越 Windows，成为消费者接入互联网使用最广泛的操作系统。有关 Android 的详细介绍，请看本章第三节。

【阅读材料】

比尔·盖茨与 Windows 操作系统

1955 年 10 月 28 日，比尔·盖茨生于美国西北部华盛顿州的西雅图。父亲是律师，比尔·盖茨是父亲早期打官司的重要帮手。母亲是教师，后来在盖茨与 IBM 历史性的合作中起过关键作用。

盖茨从小欢快活泼，不论什么时候，他都在摇篮里来回晃动，花许多时间骑弹簧木马。他把这种摇摆习惯带入成年时期，也带入了微软公司，摇动了整个世界。

盖茨从小就非常努力。他从头到尾读完了整部《世界大百科全书》。他的父母也鼓励他多读书，但凡盖茨想读的书，他们都会买给他。盖茨自小酷爱数学和计算机，在中学时就是有名的"电脑迷"。保罗·艾伦(Paul Alan)是他最好的校友，两人经常在湖滨中学的电脑上玩三连棋的游戏。那时候的电脑就是一台 PDP8 型的小型机，学生们可以在一些相连的终端上，通过纸带打字机玩游戏；也能编一些小软件，诸如排座位之类的，比尔·盖茨玩起来得心应手，在程序上略施小计，就使自己座位的前后左右都是女生。

1972 年的一个夏天，年龄比他大 3 岁的保罗拿来一本《电子学》的杂志，翻到第 143 页上，指着一篇只有十个自然段的文章，对比尔说，有一家新成立的叫英特尔的公司推出一种叫 8008 的微处理器芯片。两人不久就弄到芯片，摆弄出一台机器，可以分析城市内交通监视器上的信息，于是又决定成立一家名为"交通数据公司"(TrofOData)的公司，不过，两位少年的游戏很快结束了。1973 年比尔上了哈佛大学，保罗则在波士顿一家叫"甜井"的电脑公司找到一份编程的工作，两位伙伴经常会面，探讨电脑的事情。1974 年春天，当《电子学》杂志宣布英特尔推出比 8008 芯片快 10 倍的 8080 芯片时，比尔和保罗已认定那些像 PDP8 型的小型机的末日快到了。他们在新芯片背后看到了对每个人来说堪称是完美电脑的辉煌前景：个人化、适应性强而且最重要的是不超出个人购买力。一句话，英特尔的 8080 芯片将改变整个工业结构。

如苹果砸出牛顿的智慧一样，个人电脑突入盖茨的脑海也有一个外在的启蒙者。

1975 年 1 月份的《大众电子学》杂志封面上 Altair 8080 型计算机的图片一下子点燃了保罗·艾伦及好友比尔·盖茨的电脑梦想。这台世界上最早的微型计算机，标志着计算机新时代的开端。这个基于 8008 微处理器的小机器，却是一位虎背熊腰的大汉的杰作，他叫埃德·罗伯茨，当时他经营的 MITS 公司陷入困境，情急之下发明了这台微机。还在哈佛上学的盖茨看到了商机，他打电话表示要给 Altair 研制 Basic 语言，罗伯茨将信将疑。结果，盖茨和艾伦在哈佛阿肯计算机中心没日没夜地干了 8 周，为 8008 配上了 Basic 语言，此前从未有人为微机编过 Basic 程序，盖茨和艾伦开辟了 PC 软件行业的新道路，奠定了软件标准化生产的基础。微软从 1981 年就开始开发后来称之为 "Windows" 的操作系统。

1985 年，Windows 1.0 问世，才真正成为一个商业产品。1995 年 Windows 95 发布，持续升级的视窗操作系统成为 PC 机的灵魂，世界上几乎每一台电脑都用 Windows 操作系统。Windows 95 正式把微软推向计算机行业的巅峰。1992 年 Windows 3.0 销量达 1000 万套。比尔·盖茨和他公司的财富像滚雪球一样越来越多，比尔·盖茨 13 次被《福布斯》评为世界首富。比尔·盖茨 52 岁引退，把自己的 580 亿美元财产，全数捐给名下慈善基金比尔及梅琳达盖茨基金会，"以最能够产生正面影响的方法回馈社会"。

Linux 的来历

Linux 是一类 Unix 计算机操作系统的统称。Linux 操作系统内核的名字也是 "Linux"。Linux 操作系统是自由软件和开放源代码发展中最著名的例子。严格来讲，Linux 这个词本身只表示 Linux 内核，但在现实生活中人们已经习惯了用 Linux 来形容整个基于 Linux 内核并且使用 GNU 工程各种工具和数据库的操作系统。Linux 得名于计算机业余爱好者 Linus Torvalds。

Linux 是一个诞生于网络、成长于网络且成熟于网络的奇特的操作系统。1991 年，芬兰大学生 Linus Torvalds 萌发了开发一个自由的 UNIX 操作系统的想法，当年，Linux 就诞生了。为了不让这个羽翼未丰的操作系统夭折，Linus 将自己的作品 Linux 通过 Internet 发布。从此一大批电脑黑客、编程人员加入到 Linux 开发过程中来，Linux 逐渐成长起来。

Linux 一开始要求所有的源码必须公开，并且任何人均不得从 Linux 交易中获利。然而这种纯粹的自由软件的理想对于 Linux 的普及和发展是不利的，于是 Linux 开始转向 GPL，成为 GNU 阵营中的主要一员。

Linux 凭借优秀的设计，不凡的性能，加上 IBM、INTEL、CA、CORE、ORACLE 等国际知名企业的大力支持，市场份额逐步扩大，逐渐成为主流操作系统之一。

Linux 发行版为许多不同的目的而制作，包括对不同计算机结构的支持，对一个具体区域或语言的本地化，实时应用，和嵌入式系统，甚至许多版本故意地只加入免费软件。已经有超过三百个发行版被积极的开发，下面介绍几个被普遍使用的版本。

一、Fedora Core

Fedora Core(自第七版直接更名为 Fedora)是众多 Linux 发行版之一。它是一套从 Red Hat Linux 发展出来的免费 Linux 系统。Fedora Core 的前身就是 Red Hat Linux。Fedora 是一个开放的、创新的、前瞻性的操作系统和平台。它允许任何人自由地使用、修改和重新发布，无论现在还是将来。它由一个强大的社群开发，这个社群的成员以自己的不懈努力，提供并维护自由、开放源码的软件和开放的标准。Fedora 项目由 Fedora 基金会管理和控制，得到了 Red Hat, Inc.的支持。Fedora 是一个独立的操作系统，是 Linux 的一个发行版，可运行于 x86、ARM、PowerPC 几种指令体系的计算机上。

二、Debian Project

Debian Project 诞生于 1993 年 8 月 13 日，它的目标是提供一个稳定容错的 Linux 版本。支持 Debian 的不是某家公司，而是许多在其改进过程中投入了大量时间的开发人员，这种改进吸取了早期 Linux 的经验。Debian 以其稳定性著称，主要通过基于 Web 的论坛和邮件列表来提供技术支持。作为服务器平台，Debian 提供一个稳定的环境。为了保证它的稳定性，开发者不会在其中随意添加新技术，而是通过多次测试之后才选定合适的技术加入。当前最新正式版本是 Debian 6，采用的内核是 Linux 2.6.32。Debian 6 包含了一个 100%开源的 Linux 内核，这个内核中不再包含任何闭源的硬件驱动。所有的闭源软件都被隔离成单独的软件包，放到 Debian 软件源的 "non-free" 部分。由此，Debian 用户便可以自由地选择是使用一个完全开源的系统还是添加一些闭源驱动。

三、MandrakeSoft

MandrakeSoft 提供了优秀的图形安装界面，它的目标是尽量让工作变得简单，它的最新版本还包含了许多 Linux 软件包。作为 Red Hat Linux 的一个分支，Mandrake 给自己的定位是"桌面市场的最佳 Linux 版本"，支持服务器上的安装。Mandrake 的安装非常简单明了，为初级用户设置了简单的安装选项。它完全使用 GUI 界面，还为磁盘分区制作了一个适合各类用户的简单 GUI 界面。软件包的选择非常标准，另外还有对软件组和单个工具包的选项。安装完毕后，用户只需重启系统并登录进入即可。Mandrake 主要通过邮件列表和 Mandrake 自己的 Web 论坛提供技术支持。Mandrake 对桌面用户来说是一款优秀的服务器系统，尤其适合 Linux 新手使用。它使用最新版本的内核，拥有许多在 Linux 服务器环境中使用的软件——数据库和 Web 服务器。

四、Ubuntu

Ubuntu 是一个以桌面应用为主的 Linux 操作系统，其名称来自非洲南部祖鲁语或豪萨语的"ubuntu"一词(译为吾帮托或乌班图)，意思是"人性"、"我的存在是因为大家的存在"，是非洲传统的一种价值观，类似华人社会的"仁爱"思想。Ubuntu 基于 Debian 发行版和 unity 桌面环境，与 Debian 的不同在于它每 6 个月会发布一个新版本。Ubuntu 的目标在于为一般用户提供一个最新的、而且相当稳定的、主要由自由软件构建而成的操作系统。Ubuntu 具有庞大的社区力量，用户可以方便地从社区获得帮助。随着云计算的流行，Ubuntu 推出了一个云计算环境搭建的解决方案，可以在其官方网站找到相关信息。

五、Red Hat Linux

Red Hat Linux 可能是最著名的 Linux 版本了，Red Hat Linux 创造了自己的品牌，越来越多的人听说过它。Red Hat 在 1994 年创业，当时聘用了全世界 500 多名员工，他们都致力于开放的源代码体系。Red Hat Linux 拥有自己的公司，向用户提供一套完整的服务，这使得它特别适合在公共网络中使用。Red Hat Linux 的安装过程十分简单明了。它的图形安装过程提供简易设置服务器的全部信息。磁盘分区过程可以自动完成，也可以选择 GUI 工具完成，操作非常简单。选择软件包的过程也与其他版本类似；用户可以选择软件包种类或特殊的软件包。系统运行起来后，用户可以从 Web 站点和 Red Hat 那里得到充分的技术支持。Red Hat 是一个符合大众需求的版本。在服务器和桌面系统中它都工作得很好。Red Hat 通过论坛和邮件列表提供广泛的技术支持。

六、SuSE

SuSE 是由总部设在德国的 SuSE AG 公司开发的，SuSE AG 公司一直致力于创建一个连接数据库的最佳 Linux 版本。为了实现这一目的，SuSE 和 Oracle、IBM 合作，以使他们的产品能稳定地工作。SuSE 还开发了 SuSE Linux eMail Server III，这是一个非常稳定的电子邮件群组应用。基于 2.4.10 内核的 SuSE 7.3，在原有版本的基础上提高了易用性。安装过程通过 GUI 完成，磁盘分区过程非常简单，但没有为用户提供更多的控制和选择。在 SuSE 操作系统下，可以非常方便地访问 Windows 磁盘，这使得两种平台之间的切换，以及使用双系统启动变得更容易。SuSE 的硬件检测非常优秀，该版本在服务器和工作站上都运行得很好。SuSE 拥有界面友好的安装过程，还有图形管理工具，可方便地访问 Windows 磁盘，对于终端用户和管理员来说使用它同样方便，这使它成为一个强大的服务器平台。SuSE 通过基于 Web 的论坛提供技术支持和电话技术支持。

七、Linux Mint

Linux Mint 是一份基于 Ubuntu 的发行版，其目标是提供一种更完整的即刻可用体验，这包括提供浏览器插件、多媒体编解码器、对 DVD 播放的支持、Java 和其他组件。它与 Ubuntu 软件仓库兼容。Linux Mint 是一个为 PC 和 X86 电脑设计的操作系统。因此，能运行 Windows 的计算机也可以运行 Linux Mint，或者安装双系统，即同时安装 Windows 和 Linux。MAC，BSD 或者其他的 Linux 版本也可以和 Linux Mint 共存。一台装有多系统的电脑在开机的时候会出现一个选择操作系统的菜单。Linux Mint 可以在一个单系统的电脑上运行良好，它也可以自动检测其他操作系统并与其互动。例如，计算机上已经安装了 Windows 版本(XP，Vista 或者其他版本)，如果要在其上继续安装 Linux Mint，它会自动检测并建立双启动以供您在开机的时候选择启动哪个系统。并且可以在 Linux Mint 下访问 Windows 分区。Linux 是可以和 Windows 相媲美的系统，它更安全、更稳定、更有效，并且越来越易于操作。

"核高基"项目给国产操作系统带来的影响

"核高基"是对核心电子器件、高端通用芯片及基础软件产品的简称，是 2006 年国务院发布的《国家中长期科学和技术发展规划纲要(2006-2020 年)》中与载人航天、探月工程并列的 16 个重大科技专项之一。2010 年 10 月确定的"核高基"项目名单中"中标麒麟"共计获得了约 2.5 亿元的"核高基"专项经费，名列基础软件扶持资金第一。按照"核高基"政策规定，项目所在地上海市也将按照 1:1 的比例拿出不少于此的资金扶持。而另一大国产操作系统厂商中科红旗也获得了为数不少的"核高基"经费支持。

本次"核高基"项目的确定再次给国产操作系统提供了大笔资金支持。企业拿到这笔"核高基"资金后需要承担更高的考核目标压力，负责"核高基"实施的中央部委要求国产操作系统厂商尽快实现产业化目标，卖出多少套产品，实现多少产值，并形成一定的市场竞争力。这一考核目标为期两年，并在"十二五"计划时重新评定项目。

中标软件总经理、国家"核高基"专家组成员韩乃平 2010 年 12 月 16 日接受采访时表示"国产操作系统确实迎来了一个很好的发展机遇"。

中标麒麟操作系统简介

中标麒麟操作系统采用强化的 Linux 内核，分成桌面版、通用版、高级版和安全版等，满足不同客户的要求，已经广泛使用在能源、金融、交通、政府、央企等行业领域。

一、中标麒麟桌面操作系统

中标麒麟桌面操作系统是一款面向桌面应用的图形化桌面操作系统，针对 X86 及龙芯、申威、众志、飞腾等国产 CPU 平台进行自主开发，率先实现了对 X86 及国产 CPU 平台的支持，提供性能最优的操作系统产品。通过进一步对硬件外设的适配支持、对桌面应用的移植优化和对应用场景解决方案的构建，完全满足项目支撑，应用开发和系统定制的需求。中标麒麟桌面操作系统除了具备基本功能外，还可以根据客户的具体要求，针对特定软硬件环境，提供定制化解决方案，实现性能优化和个性化功能定制。中标麒麟桌面操作系统是国家重大专项的核心组成部分，是民用、军用"核高基"项目桌面操作系统项目的重要研究成果，该系统成功通过了多个国家权威部门的测评，为实现操作系统领域"自主可控"的战略目标做出了重大贡献。在国产操作系统领域市场占有率稳居第一。中标麒麟桌面操作系统针对 X86 及龙芯、申威、众志等国产 CPU 平台，完成了硬件适配、软件移植、功能定制和性能优化，可以运行在台式机、笔记本、一体机、车载机等不同产品形态之上，支撑着国防、政府、企业、电力和金融等各领域的应用。

二、中标麒麟通用服务器操作系统

中标麒麟通用服务器操作系统用于部署和管理中小型企业级和部门级应用服务，为用户提供高性能处理能力和高可靠性。中标麒麟通用服务器操作系统提供全图形化的系统配置与管理工具，减少维护人员的管理难度和再培训成本；通过基于 MLS 多级安全的 SELinux 增强和基于应用的安全优化实现系统的安全增强；丰富的开源网络服务方便用户轻松构建企业级应用；完整的开发平台提供对主流开发工具、开发语言支持。借助中标麒麟通用服务器操作系统，将进一步降低企业 IT 应用成本，为用户提供更高质量、更为可靠的系统平台服务。

三、中标麒麟高级服务器操作系统

中标麒麟高级服务器操作系统提供中文化的操作系统环境和常用图形管理工具；支持多种安装方式，提供了完善的文件系统支持、系统服务、网络服务；集成了丰富易用的编译器和支持众多的开发语言；全面兼容国内外的软硬件产品；同时在安全上进行了加强，保障关键应用安全、可控、稳定的对外提供服务。基于中标麒麟高级服务器操作系统，用户可以轻松构建大型数据中心、高可用集群和负载均衡集群，虚拟化应用服务、分布式文件系统等，同时可以方便地进行集中监控和管理。经过多年的产品研发积累和市场拓展，中标麒麟服务器操作系统已经成长为国内 Linux 服务器操作系统的第一品牌。

四、中标麒麟增强安全操作系统

中标麒麟增强安全操作系统采用银河麒麟 KACF 强制访问控制框架和 RBA 角色权限管理机制，支持以模块化方式实现安全策略，提供多种访问控制策略的统一平台，是一款真正超越"多权分立"的 B2 级结构化保护的操作系统产品。

中标麒麟增强安全操作系统从多个方面提供安全保障，包括管理员分权、最小特权、结合角色的基于类型的访问控制、细粒度的自主访问控制、多级安全等多项安全功能，从内核到应用提供全方位的安全保护。中标麒麟增强安全操作系统符合 Posix 系列标准，兼容联想、浪潮、曙光等公司的服务器硬件产品，兼容达梦、人大金仓数据库、湖南上容数据库(SRDB)、Oracle9i/10g/11g 和 Oracle 9i/10g/11g RAC 数据库、IBM Websphere、DB2 UDB 数据、MQ、Bea Weblogic、BakBone 备份软件等系统软件。为满足政府、国防、电力、金融、证券等领域，以及企业电子商务和互联网应用对操作系统平台的安全需求，中标软件有限公司研发的安全可控、高安全等级的操作系统平台产品——中标麒麟安全操作系统软件 V5.0，为用户提供全方位的操作系统和应用安全保护，防止关键数据被篡改、被窃取，系统免受攻击，保障关键应用安全、可控和稳定的对外提供服务。

2010 年 12 月 16 日，两大国产操作系统——民用的"中标 Linux"操作系统和解放军研制的"银河麒麟"操作系统，在上海正式宣布合并，双方将共同以"中标麒麟"的新品牌统一出现在市场上，并将开发军民两用的操作系统。两大操作系统的开发方中标软件有限公司和国防科技大学，同日缔结了战略合作协议。双方将共同开发操作系统，共同成立操作系统研发中心，共同开拓市场，并将在"中标麒麟"的统一品牌下发布统一的操作系统产品。

2014 年 8 月 2 日，戴尔宣布与国内操作系统厂商中标软件有限公司签署合作协议，计划在戴尔商用电脑系列产品预装中标麒麟(NeoKylin)操作系统。戴尔表示，首批预装中标麒麟的产品包括戴尔 Latitude 商用笔记本电脑、OptiPlex 商用台式机电脑、Precision 工作站等终端产品。随着合作的深入，戴尔将陆续把该操作系统预装延伸至其他产品线包括 Vostro 系列等。

Deepin(深度)操作系统

Deepin(深度)是由武汉深之度科技有限公司开发的 Linux 发行版，是一个基于 Linux 的操作系统。Deepin 原名 Linux Deepin，在 2014 年 4 月改名 Deepin，适合笔记本、桌面计算机和一体机。Deepin 团队基于 Qt 和 Go 开发了全新的深度桌面环境，以及音乐播放器、视频播放器、软件中心等一系列特色软件。

Deepin 是在 Ubuntu 软件仓库的基础上开发的，源代码全部公开，主要开发者为冷罡华、王勇、张成等人，口号是"免除新手痛苦、节约老手时间"。Deepin 在每年的 6 月份和 12 月份各发布一次新版本，所发布的版本号为："年.月"，比如 9.12，10.06 等，为了避免混乱版本号沿用 Ubuntu 的代号，比如 Deepin 9.12 是基于 Ubuntu 9.10 Karmic，所以 9.12 也用 Karmic 做代号。从 11.12 版本开始，Deepin 提供了简体中文、繁体中文、英文单独的 ISO 光盘镜像，桌面环境更适合多数人的操作习惯。Deepin 旨在创造一个全新的简单、易用、美观的 Linux 操作系统。Deepin 全部使用自主的 DeepinUI，其中有深度桌面环境、DeepinTalk(深谈)等。Deepin 是中国最活跃的 Linux 发行版，在社区的参与下，"让 Linux 更易用"也不断变成可以触摸的现实。

Deepin 2013 版本于 2013 年 11 月 28 日发布，后来 Deepin 相继发布了 12.12 Alpha、Beta、

RC、12.12 正式版、12.12.1 增强版等多个版本。Linux Deepin 的桌面环境从优秀的用户体验着手，在 Linux 桌面发展领域做出了多项尝试和创新，并且逐步走向成熟和稳定。Deepin 2014 Alpha 于 2014 年 4 月 15 日携带全新的深度桌面环境 2.0 发布。Deepin 2014 Beta 版于 2014 年 5 月 15 日发布；正式版于 2014 年 7 月 6 日在北京召开发布。其正式版具有下述特性：

一、桌面

新版桌面保留了原有桌面的各种人性化功能的同时，还在桌面右键中新增了"热区设置"功能，从此用户可快速直观地修改热区。新版 Dock 将通知区合二为一，位置改为屏幕下方居中，新版 Dock 更为精致实用。

二、启动器

新版启动器新增了收藏界面，方便用户快速打开常用程序。同时在启动器右键增加"卸载软件"功能，从此用户卸载软件更为简便。同时还为启动器新增中文拼音搜索，中文用户搜索软件更为方便。

三、控制中心

深度桌面环境 2.0 中的系统设置现已更名为"控制中心"。全新的控制中心使用了更为清晰明了的分类方式，并且针对广大用户的意见进行修改。该版本开始提供强大的主题管理、新增 Grub 管理器管理、增强了多屏显示功能、改善网络功能，并且在 Deepin 2014 Beta 版本中，计划加入 WiFi 热点等强大功能。

四、登录管理器

登录管理器依然基于 Lightdm 开发，采用了最新的 HTML5 技术，登录管理器默认背景是动态星空动画，新版登录管理器还支持用户在锁屏状态下管理后台播放的媒体。

五、深度主题 2.0

设计师团队为深度桌面环境 2.0 设计了全新的深度主题。深度主题以黑色为主色调，坚持简洁和拟物风格，让深度桌面环境 2.0 更为炫目多彩！

六、深度安装器

从 Deepin 2014 Beta 版开始，Deepin 系统默认搭载 Deepin 团队开发的深度安装器，用户只需要简单的设置用户信息和选择安装位置，即可快速完成 Deepin 2014 的安装。深度安装器还支持传统 Legacy BIOS 方式和 UEFI 方式。

第二节　Windows 7 操作系统

一、Windows 7 简介

1. 认识 Windows 7

Windows 7 为用户建立了一个基于图标和菜单的计算机环境，这个友好的环境称为图形用户界面(GUI)。GUI 是一种基于图形的计算机界面。用户通过对菜单或图标进行选择来告诉计算机要做什么。

Windows 7 除了带有许多有用的附件程序，包括：写字板、记事本、画图和便签等，它还提供了几个方便的工具，如：计算器和截图工具。有些用户只需使用这几个程序就够了，需要更多功能的用户要另外安装 Microsoft Office 套装软件。

2．启动 Windows 7

如果安装了 Windows 7，在每次打开计算机电源后就会直接进入 Windows 7 系统，不必发出特殊启动命令。如果设置了用户密码，则启动时会进入登录界面，正确输入用户密码才能登录并正常使用 Windows 7。

3．关闭 Windows 7

在关闭 Windows 7 之前，应该保存正在做的所有工作以及任何打开的应用程序，防止丢失数据。关闭 Windows 7 会关闭每个打开的应用程序，如有未保存的内容，Windows 7 会要求用户确定是否保存每个文件。

执行以下步骤可以关闭计算机：

(1) 单击桌面左下角的"开始"按钮，开始菜单出现，如图 3-2 所示；

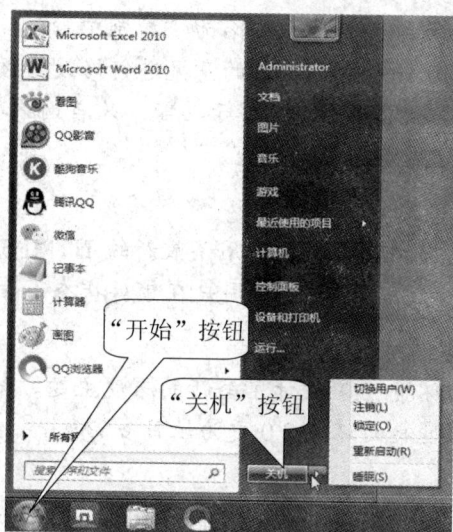

图 3-2　开始菜单和关闭 Windows 7 对话框

(2) 从开始菜单中单击"关机"，则计算机自动关闭。如果单击"关机"按钮后面的向右三角形，则可以进行"切换用户"、"注销"、"锁定"、"重新启动"或"睡眠"操作。

(3) 关闭计算机显示器电源。

提示：

(1) 如果已经关闭了所有已经打开的文档和应用程序，并已回到 Windows 7 桌面，可以按 Alt+F4 关闭计算机。

(2) 最好使用"开始→关机"操作正常关闭计算机，防止丢失数据。

4．Windows 7 桌面

如图 3-3 所示，Windows 7 桌面由下述部分组成。

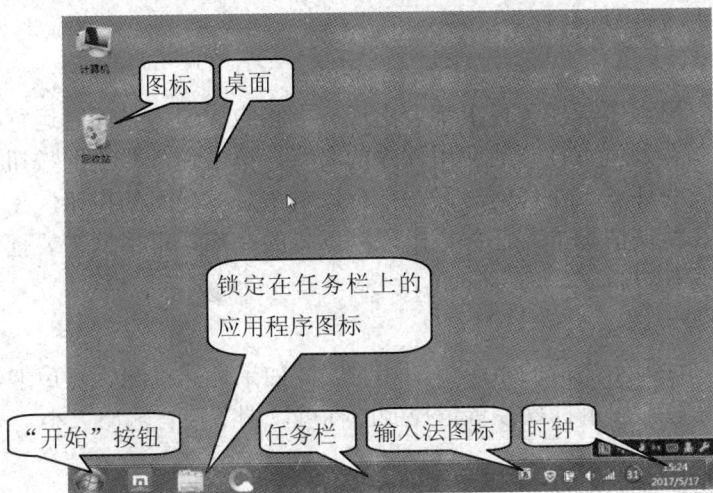

图 3-3 Windows 7 桌面

1) 图标

图标是代表应用程序(如 Microsoft Excel、Word 等)、文件(文档、电子表格、图形)或者计算机设备(硬盘、光驱、打印机等)等的图形。尽管在第一次看到 Windows 7 桌面时只有不多的几个图标(如计算机和回收站),用户可以通过"控制面板"上的"个性化"设置桌面上显示的图标类型。在所有 Windows 7 应用程序中自始至终都使用图标。图标有超大图标、大图标、中等图标和小图标多种尺寸。

如,双击"计算机"图标将显示一个窗口,在其中可以浏览计算机内存、处理器等配置情况,或查找有关磁盘驱动器、控制面板和其他设备的信息。

用户可以将不需要的文件、文件夹和其他图标拖到回收站。双击回收站图标可打开回收站,选中对象后右击,则可以把对象恢复到原来位置,或永久删除对象。选择要删除的对象,执行"文件→清空回收站"也可以永久删除对象。Windows 7 会请求用户确认。

2) 桌面

桌面是指占据整个背景的区域。

3) "开始"按钮

单击"开始"按钮显示开始菜单,这个菜单含有使用户能够快速方便地开始工作的命令。通常情况下开始菜单含有下面这些命令:搜索程序和文件(查找文件或文件夹的命令)、控制面板、设备和打印机、运行(通过输入特定命令行来运行一个程序的命令),以及关机(关闭 Windows 7)、应用程序(最近使用过的文件列表会作为应用程序的下级菜单显示),没显示完的应用程序会包括在"所有程序"里),还可以直接打开图片库、音乐库等。

4) 锁定到任务栏上的应用程序图标

紧邻"开始"按钮的右侧会有一些图标,这些图标是锁定到任务栏的应用程序图标,相当于 Windows XP 操作系统里的快速启动工具栏。单击这些图标,可以快速启动相应的程序。如果不知道图标所代表的程序是什么,可以用鼠标指针指向图标并停留一会儿,此时会出现一条提示信息,指出这是什么程序。在任务栏最右侧是"显示桌面"按钮,是我们经常要使用的,单击它会使桌面上的所有窗口自动缩小为任务栏上的一个按钮,将桌面显示出来；再次单击将恢复窗口。

5）任务栏

对打开的每个应用程序，任务栏上都会出现一个相应按钮。当同时运行多个应用程序时，在任务栏上可以看到所有打开的应用程序的名字。单击任务栏上的按钮可以激活一个程序，或切换到不同的任务。在任何时候，都可以单击任务栏上的按钮，使相应的应用程序成为当前任务。在默认情况下，任务栏出现在屏幕的底部，可根据需要把任务栏移动到桌面的上面、左边或右边。

6）时钟和音量控制器

任务栏右侧的时钟显示当前的系统日期和时间。如果计算机配置有声卡，音量控制图标会出现在时钟的旁边。用鼠标操控音量控制图标可以调节声音输出大小。

7）输入法图标

输入法图标和音量控制图标相邻，显示正在使用的输入法，单击输入法图标，可以在弹出的菜单中选择想使用的输入法。

二、Windows 7 基础操作

1．鼠标操作

用户可以使用鼠标快速选择屏幕上的任何对象，如图标或窗口。该过程包括两个步骤：定位和单击。

(1) 定位(也称指向)。为了定位到一个对象(图标、窗口标题栏等)上，移动鼠标，直到屏幕上鼠标指针接触到该对象。

(2) 单击。单击鼠标左键简称单击，将鼠标指针定位到要选择的对象，然后快速地按下鼠标左键并松开。单击操作可以用来选取对象或执行菜单中的命令。

(3) 右击。单击鼠标右键简称右击，使用鼠标右键单击一个对象时，将会出现有关这个对象操作的快捷菜单，此时可以从菜单中选择需要的命令。

(4) 双击。双击(左键)是打开或运行该对象，例如：双击"计算机"，就会打开"计算机"窗口。

(5) 左拖。用鼠标左键拖动对象(通常是未最大化的窗口、对话框或图标)可以将对象移动到屏幕上一个新的位置。为了将对象移动到屏幕上新的位置，选择该对象，按住鼠标左键不放，将该对象拖到新位置后，松开鼠标左键即可。对象将随鼠标指针一起移动。

(6) 右拖。用鼠标右键拖动对象，会在到达目的地时出现一个菜单，如图 3-4 所示，可从中选择需要的操作：

① 移动到当前位置(将拖动的对象移动到当前位置)；

② 复制到当前位置(将拖动的对象复制到当前位置)；

③ 在当前位置创建快捷方式(创建拖动对象的快捷方式)；

④ 取消(取消当前操作)。

2．Windows 7 窗口

1）什么是窗口

窗口是屏幕上的一个矩形区域，用户可以在窗口中查看文件夹、文件或图标。窗口的

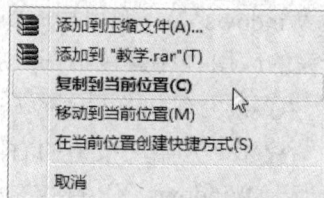

图 3-4　右拖快捷菜单

组成如图 3-5 所示，Windows 7 及其应用程序中的窗口基本相同。操作的一致性，降低了使用 Windows 和应用软件的难度。

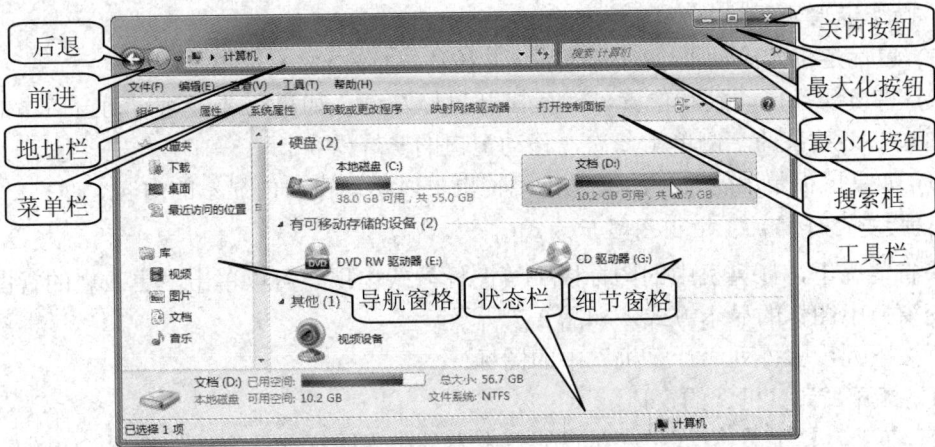

图 3-5 计算机窗口

2) 打开窗口

通过一个图标打开对应窗口，只需双击该图标。例如：双击"计算机"图标，计算机图标打开成为"计算机"窗口，如图 3-5 所示。

也可以使用快捷菜单打开窗口。右击图标，在弹出的快捷菜单中选择"打开"命令，就可打开对应的窗口。

3) 使用滚动条

当窗口中的文本、图形或图标占据的空间超过显示的窗口空间时，在窗口的底边沿和(或)右边沿会出现滚动条。使用滚动条，可以方便地将窗口中显示的内容上、下、左、右移动。

图 3-6 给出一个例子。因为这个窗口的内容不能在窗口中全部看到，所以在窗口的右边沿出现滚动条。

图 3-6 滚动条

可以用如下方法查看窗口没有显示部分的内容：

(1) 单击垂直滚动条的向下滚动箭头，窗口的内容向上移动。

(2) 单击水平滚动条的向右滚动箭头，窗口的内容向左移动。

　　根据滚动条在滚动框中的尺寸，可以了解窗口中不可见的内容大致有多少。如果知道某个项目在窗口中的大约位置(如向下的三分之二位置)，可以拖动滚动条快速地定位到该位置，操作步骤如下：

　　(1) 鼠标定位到滚动框中的滚动条，并按住鼠标左键。

　　(2) 将滚动条拖动到新位置，然后松开鼠标左键、如果需要慢速移动窗口中的内容，可以通过在滚动条的一侧单击一次，移动窗口的一屏内容。

　　(3) 如果鼠标带滚轮，则滚动鼠标滚轮也可以移动窗口内显示的内容。

　　4) 改变"计算机"中视图显示方式

　　缺省情况下，计算机中的图标以中等图标方式出现。可以单击"更改您的视图"按钮来改变窗口中图标的显示方式，如图3-7所示。

　　可按下列步骤排列"计算机"中的图标：

　　(1) 打开"计算机"的窗口。

　　(2) 在工具栏上单击"更改您的视图"按钮，出现图标显示方式的选项，如图3-7所示，包括超大图标、大图标、中等图标、小图标、列表、详细信息、平铺和内容。单击"查看"菜单，在弹出的下级菜单中选择相应的子菜单，也可以改变图标的显示方式。

　　(3) 选择希望的图标显示方式，Windows 7 根据选择的方式在窗口中重新排列图标。

　　整理窗口中的图标的另一种方法是设定图标的排序方式。选择"查看→排序方式"，则出现图标排序方式选项，如图3-8所示，Windows 会自动按照选中的排序方式排列图标。

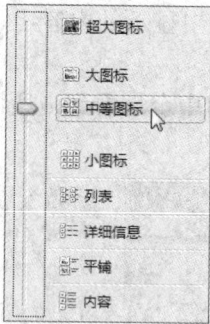

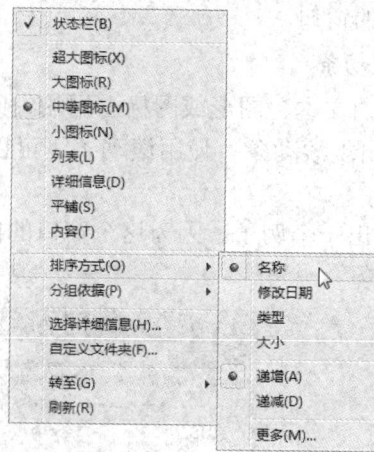

图 3-7　图标显示方式　　　　　图 3-8　图标排列方式和排列顺序

　　5) 用最大化、最小化和还原按钮改变窗口大小

　　可以按需要改变窗口的尺寸。改变窗口大小的方法是：使用位于窗口标题栏右边的最大化、最小化和还原按钮。使用鼠标操作的步骤如下：

　　(1) 单击最大化按钮，将窗口放大到它的最大尺寸。

　　(2) 单击最小化按钮，将窗口缩小成任务栏上的一个按钮。

　　(3) 单击还原按钮，使窗口还原到被最大化之前的尺寸(只有在窗口最大化时才会出现还原按钮)。

　　当窗口为全屏幕尺寸时，最小化和还原按钮都可以使用；当窗口是其他尺寸时，会显示最大化按钮，不显示还原按钮。

6) 改变窗口的尺寸

窗口不是最大化状态时，简单地拖动窗口边框和四角就可以改变窗口的尺寸。

(1) 将鼠标指针移到要改变尺寸的窗口边框上(垂直边框、水平边框或角)。当鼠标指针正确定位时，它改变成如下所述的某个形状：

· 垂直双向箭头：将鼠标指针定位到窗口的上下边框时，出现垂直的双向箭头，这时上下拖动边框就可以改变窗口的高度。

· 水平双向箭头：将鼠标指针定位到左右两侧的窗口边框时，出现水平的双向箭头，这时左右拖动边框就可以改变窗口的宽度。

· 斜线双向箭头：当鼠标指针定位到窗口边框的任意一个顶角时，出现斜的双向箭头，这时沿斜线拖动这个角就可以相应地改变窗口的高度和宽度。

(2) 按住鼠标左键并拖动边框，窗口的大小随着鼠标的拖动而改变。

(3) 当窗口处于合适大小时，松开鼠标左键，窗口的大小调整到新的尺寸。

7) 移动窗口

当同时使用多个窗口时，移动窗口就像改变窗口的大小一样重要。例如：可能要移动一个或多个窗口，为桌面上的其他工作留出空间。移动的方法是：将鼠标定位到标题栏空白处，按住鼠标左键不放，并将它拖到新的位置，然后松开鼠标左键即可。

8) 关闭窗口

使用完一个窗口时，应关闭它，这样可以提升 Windows 7 的运行效率，节省内存，并保持桌面整洁。

使用鼠标关闭窗口的方法如下：

(1) 单击窗口右上角的关闭按钮。

(2) 单击"文件→关闭"。

(3) 右击任务栏上对应的按钮，然后选择"关闭窗口"。

使用键盘关闭窗口，则方法为：选中要关闭的窗口，然后按下 Alt + F4 键。

3．Windows 菜单

1) 什么是菜单

菜单是一组命令，告诉 Windows 7 要做什么，菜单命令以逻辑分组的形式组织。例如，在 Windows 7 中与开始工作有关的所有命令都在开始菜单上。可以使用的菜单名字出现在开始菜单中或出现在应用程序窗口中的菜单栏上。

为了方便说明，我们约定从下拉菜单选择命令的表示形式是："菜单名称→命令名称"。例如：语句"文件→属性"的意思是"打开文件菜单并选择属性命令"。

2) 用鼠标选择菜单命令

为了用鼠标选择菜单命令，将鼠标指向并单击菜单栏中菜单项的名字，菜单打开并显示出可用的命令。若要执行一条特定的命令，只要单击对应的命令即可。例如，查看"计算机"窗口中可用的帮助选项的操作是：在"计算机"窗口的菜单栏中单击"帮助"菜单，帮助菜单出现(见图 3-9)。在菜单以外的空白位置单击就可使下拉菜单消失。

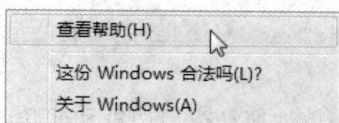

图 3-9　帮助菜单

为了通过帮助工具查看到可用的帮助，选择"查看帮助"，这时帮助窗口出现，单击关闭按钮可以关闭这个窗口。

提示：命令、菜单选项和菜单选择项都是指相同的内容，即从菜单选择的项目。其中，命令可以被"执行"或"选择"，也就是指计算机执行与该命令关联的指令(显示一个菜单或执行一个操作)。

3) 阅读菜单

Windows 7 的菜单含有一些通用的约定项。例如：

(1) 每个菜单项后的括号里，都有一个字母表示该菜单项对应的快捷键，在键盘上按下 Alt+字母可以打开相应的下拉菜单。

(2) 有些命令列出相应的快捷键，显示在相关命令的右边。需要说明的是，并不是每个菜单选项都有快捷键，一般来说，像打开(Ctrl+O)、保存(Ctrl+S)、复制(Ctrl+C)、剪切(Ctrl+X)和粘贴(Ctrl+V)这样的通用命令都有快捷键。

(3) 有些命令右边有一个指向右侧的三角形符号，它表示如果选择这条命令，会出现下级子菜单。

(4) 有些菜单命令显示为灰色，表示当前状态不能使用这些命令，这些命令只能在特定情况下使用。例如：如果没有选中对象，就不能使用"剪切"、"复制"等命令。

(5) 有些菜单项右边有一个省略号(…)，指的是 Windows 7 需要更多的信息来完成该命令。为了得到该信息，Windows 7 显示一个对话框。图 3-10 显示出部分常见的菜单元素。

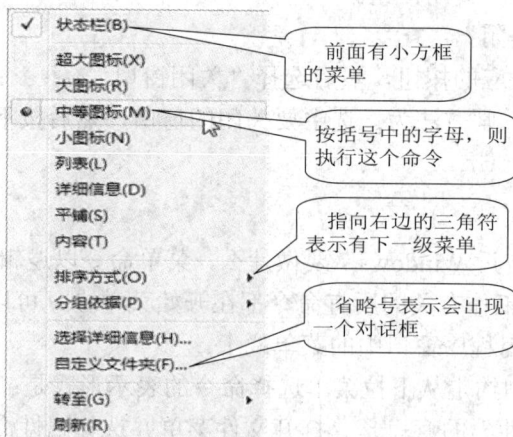

图 3-10　菜单约定项

(6) 有些菜单前有一个小方框，如图 3-10 所示。可用鼠标单击使小方框中出现对钩或取消对钩。一个菜单前有对钩表示该菜单项被选中。

在刚开始使用 Windows 时，用户需要使用菜单查看和选择命令。但是，一旦用户熟悉了 Windows，对经常使用的命令就可能会使用快捷键。快捷键使用户能够选择一条命令而不必使用菜单。快捷键通常是 Alt、Ctrl 或 Shift 键与一个字母键的组合。

例如，图 3-11 给出了"计算机"窗口的编辑菜单。可以通过"编辑→全选"的操作选定窗口中的所有内容，或者直接按快捷键 Ctrl + A 执行该操作。

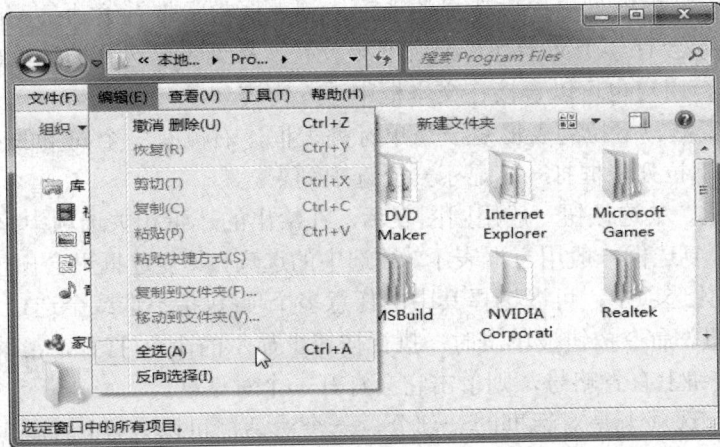

图 3-11　编辑菜单

4．Windows 对话框

1) 什么是对话框

Windows 与用户交换信息时使用的窗口叫做对话框。正如在前面章节中所提到的，后跟省略号(…)的菜单命令表示执行该命令后，会弹出一个对话框，要求用户提供程序完成操作所需的信息。

Windows 还显示提供信息的对话框。例如：复制文件时，Windows 可能显示一个对话框警告某个问题或确认一个操作。

2) 对话框的各个构件

不同情况下，对话框的复杂性不同，有些对话框只是要求用户在某个操作执行前进行确认(这时选择"确定"，确认该操作；或选择"取消"，中止该操作)，而另一些对话框相当复杂，要求指定其中的一些选项，如图 3-12 所示。

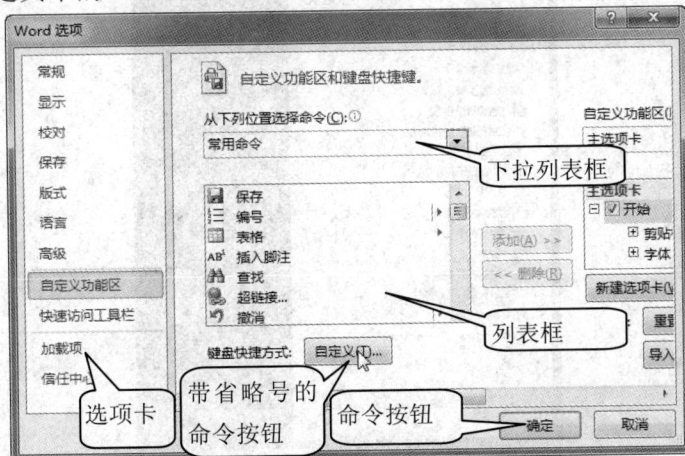

图 3-12　对话框的选项

下面简要说明对话框的组成部分。

(1) 文本框。文本框提供用户输入信息的地方，例如要保存文件的名字或用于查找特定文件的路径(驱动器名和文件夹名)。

(2) 列表框。列表框列出提供选择的选项，列表框常常带有滚动条，用于滚动列表。除此之外，有时候会有一个文本框与列表框相关联，从列表框选择的选项出现在与列表相关联的文本框中，用户也可以直接在文本框中输入内容。

(3) 下拉列表框。下拉列表框是一个单行列表框，右侧有一个向下的三角形按钮，单击这个按钮时，下拉列表框打开，显示一个选项列表。

(4) 单选按钮。单选按钮一般用圆圈表示，在给出的一组相关选项中只能选择一项。

(5) 复选框。复选框一般用方框表示。被选中的选项，其复选框里会出现复选标记(√)。在给出的一组相关选项中，可以选择其中的任意多个项(包括不选或全选)。

(6) 命令按钮。命令按钮被单击时，执行按钮上显示的命令(打开、帮助、退出、取消、确定等)。如果按钮上有省略号，则单击它会打开一个对话框。

(7) 选项卡。选项卡是对话框的一部分，一个对话框可以有好几个选项卡，每个选项卡都有一个选项卡名，这样显得更有条理。一次只能显示一个选项卡，每个选项卡含有相关的选项。单击不同的选项卡名，会显示对应选项卡的选项内容。

5. 启动和退出应用程序

1) 启动 Windows 7 应用程序

启动 Windows 7 应用程序有多种方法，这里介绍两种最常见的方法：

(1) 使用"开始"菜单启动应用程序。

① 单击"开始"按钮，在弹出的开始菜单中单击要启动的应用程序名。

② 如果开始菜单中没有列出要启动的应用程序命令，则单击"所有程序"，然后再逐级找到要启动的应用程序命令并单击。例如：单击"开始→所有程序→附件→便签"，可以启动便签程序，如图 3-13 所示。

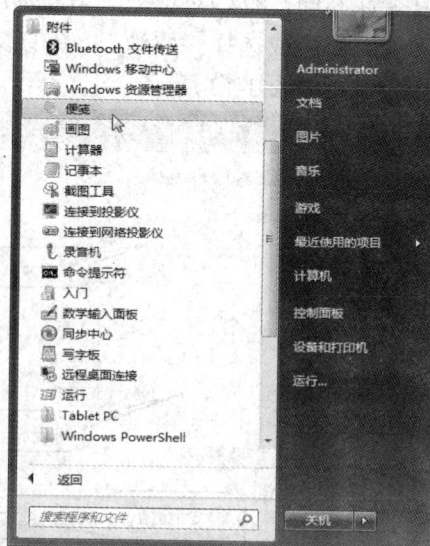

图 3-13　运行便签程序

(2) 使用"运行"对话框启动应用程序。

① 单击"开始"按钮,显示开始菜单。

② 从开始菜单选择"运行",出现"运行"对话框(见图 3-14)。

③ 在"打开"文本框中输入要执行的应用程序所在文件夹及应用程序名。

④ 单击"确定"按钮(若决定不运行输入的应用程序,则选择"取消"按钮)。

提示:如果没有记住要运行的应用程序所在文件夹及应用程序名,可以单击"运行"对话框中的"浏览"按钮,在出现的"浏览"对话框中,逐级找到并选择想运行的应用程序名,如图 3-15 所示。

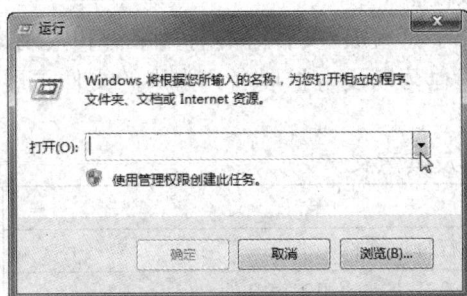

图 3-14 用运行命令启动任一程序   图 3-15 "浏览"对话框

2) 退出 Windows 应用程序

可以用如下方法退出 Windows 应用程序:

(1) 双击应用程序窗口左上角的控制菜单图标。

(2) 单击控制菜单图标,选择"关闭"命令。

(3) 单击窗口右上角的关闭按钮。

(4) 选择"文件→退出"(或"文件→关闭")。

(5) 右击任务栏上对应的应用程序按钮,在显示的快捷菜单中选择"关闭窗口"。

(6) 若使用键盘关闭窗口,则方法为:选中要关闭的窗口,然后按下 Alt + F4 键。

三、文件和文件夹的管理

1. 文件系统

在计算机中,任何一个文件都有一个文件名。文件名是存取文件的依据,即按名存取。一般来说,文件名分为文件主名和扩展名两部分,之间用一个圆点"."分隔开。其语法格式为:

<文件主名>[.<文件扩展名>]

文件主名简称为文件名,是每个文件必不可少的部分。不同的操作系统其文件名命名规则有所不同。Windows 7 操作系统对文件名中使用的英文字母不区分大小写,文件名中可以使用下述三种字符:

(1) 英文字母;

(2) 0～9 的数字;

(3) 汉字和下述特殊字符：_ (下划线)，^ (尖号)，$ (美元符)，~ (代字符)，! (感叹号)，#(井号)，% (百分号)，& (and 缩写)，- (连字符)，{ (左大括号)，} (右大括号)，@ (at 符)，' (单引号)，((左圆括号)，) (右圆括号)。

其他符号都不能使用，如：\, /, :, <, >, +, =, ;, 逗号，空格等。

下列名字用作设备名，是保留名不能用做文件名：

CON	键盘/屏幕
AUX/COM1	第一个串行/并行适配端口
COM2，COM3	第二、第三个串行/并行适配端口
PRN/LPT1	第一个并行打印机端口
LPT2，LPT3	第二、第三个并行打印机端口
NUL	用于测试使用的虚拟设备

文件扩展名一般用于区分文件类型，它由 0～4 个字符组成。文件名的有关字符和限制，对扩展名亦适用。文件扩展名由用户根据需要自取，也可以没有扩展名。常用的文件扩展名如表 3-3 所示。

表 3-3　常用文件扩展名及其意义

文件类型	扩展名	含　义
可执行程序	EXE、COM	可执行程序文件
源程序文件	C、CPP、BAS、ASM	程序设计语言的源程序文件
目标文件	OBJ	源程序文件经编译后生成的目标文件
MS Office 文档文件	DOC、XLS、PPT、DOCX、XLSX、PPTX	Microsoft Office 中 Word、 Excel、PowerPoint 创建的文档
图像文件	BMP、JPG、GIF	图像文件，不同的扩展名表示不同格式的图像文件
流媒体文件	WMV、RM、QT	能通过 Internet 播放的流式媒体文件，不需要下载整个文件即可播放
压缩文件	ZIP、RAR	压缩文件
音频文件	WAV、MP3、MID	声音文件，不同的扩展名表示不同格式的音频文件
网页文件	HTM、HTML、ASP、ASPX、JSP	HTM、HTML 是静态的，ASP、ASPX、JSP 是动态的

除了文件名外，文件还有文件大小、占用空间等信息，称为文件属性。右击文件夹或文件图标，在弹出的快捷菜单中选择"属性"，出现文件的属性对话框如图 3-16(a)所示，其属性如下：

(1) 只读：设置为只读属性的文件只能读，不能修改，当删除时会给出提示信息，起保护作用。

(2) 隐藏：具有隐藏属性的文件一般情况下不显示。如果设置了显示隐藏文件，则设置了隐藏属性的文件和文件夹显示出来是浅色的，以表明它们与普通文件不同。

(3) 存档：任何一个新创建或修改的文件都有存档属性，出现图 3-16(a)时，单击高级按钮，会弹出如图 3-16(b)所示的高级属性对话框，其中的"可以存档文件"即表示存档属性。

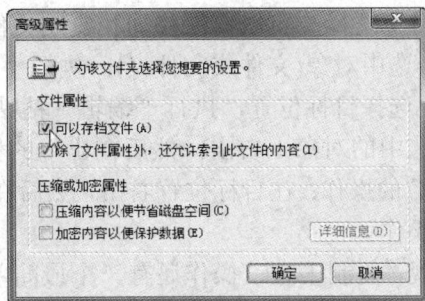

(a)　文件属性　　　　　　　　　　　　　　　　(b)　高级属性

图 3-16　文件属性

在对一批文件进行操作时，系统提供了通配符，即用来代表其他字符的符号，通配符有两个："？"和"*"。其中"？"用来表示任意的一个字符，通配符"*"表示任意的多个字符。

在计算机系统中，一个磁盘上的文件成千上万，为了有效地管理和使用文件，文件管理系统允许用户在磁盘上建立文件夹，以及下级文件夹，用户可以将文件分门别类地存放在不同的文件夹里。在 Windows 7 中，最上级的文件夹是桌面，从桌面开始可以访问任何一个文件和文件夹。桌面上有 "计算机"、 "回收站"等。这些系统专用的文件夹，不能改名，被称为系统文件夹。计算机中所有的磁盘及控制面板也以文件夹的形式组织在"计算机"中。

2．选取文件和文件夹

在管理文件等资源的过程中，若要对多个文件或文件夹进行操作，首先要选取需要操作的文件或文件夹。在 Window 7 环境下，主要有如下选取操作：

(1) 选取一个对象。单击可以选取一个对象。

(2) 选取多个连续对象。如果所要选取的文件或文件夹的排列位置是连续的，可以单击第一个文件或文件夹，然后按住 Shift 键不放，同时单击最后一个文件或文件夹，最后再松开 Shift 键，即可一次性选取多个连续的文件或文件夹。

(3) 选取多个不连续对象。如果所要选取的文件或文件夹的排列位置是不连续的，则按住 Ctrl 键不放，同时单击需要选取的每一个文件或文件夹，最后松开 Ctrl 键，即可选取多个不连续的文件或文件夹。

(4) 全部选定和反向选择。在"资源管理器"窗口的"编辑"菜单中，系统提供了全部选定命令来选取当前文件夹中的所有对象，其快捷键为 Ctrl + A；反向选择命令用于选取当前没有选中的对象，同时原来选中的对象取消选中。

3．剪贴板

"剪贴板"是程序和文件之间用于传递信息的临时存储区，是内存的一部分。当选定对象并执行了编辑菜单中的"复制"或"剪切"命令时，所选定的对象就被存储在"剪贴板"中。当执行了编辑菜单中的"粘贴"命令时，"剪贴板"中的数据就被复制或移动到目标位置。

4．移动或复制文件和文件夹

执行下述操作可以实现移动和复制文件或文件夹：

(1) 选中对象(文件或文件夹)，执行"编辑→复制/移动(Ctrl+C/X)"命令。

(2) 选择目标位置，执行"编辑→粘贴(Ctrl+V)"命令。

在选中的对象上右击，然后在出现的快捷菜单中选择"复制/移动"，也可以实现"复制/移动"的操作；在目标位置右击，然后在快捷菜单中选择"粘贴"命令，也可以实现"粘贴"的操作。

实现"复制/移动"操作还有一个最简单的方法就是：把选中的对象右拖(按住鼠标右键不放拖动对象)到目标位置，松开鼠标后从出现的快捷菜单中选择"移动到此位置/复制到此位置"。

5．重命名文件和文件夹

使用下述方法可以实现对文件或文件夹重命名：

(1) 菜单方式。选中文件或文件夹，执行"文件→重命名"命令，然后输入新的名字，回车确认即实现了重命名。

(2) 快捷菜单方式。选中文件或文件夹后，右击选定的对象，在弹出的快捷菜单中选择"重命名"命令，输入新的名字，回车确认即实现了重命名。

(3) 二次选择方式。选中文件或文件夹后，在文件或文件夹名字位置单击(注意不要快速单击两次，以免变成双击操作)，输入新的名字，回车确认即实现了重命名。

6．新建文件或文件夹

在要新建文件或文件夹的窗口空白处右击，在弹出的菜单中选择新建(或执行"文件→新建")，继续在下级菜单中选择想要创建的文件类型或文件夹，如图 3-17 所示，输入名称，按回车键即创建了新的文件或文件夹。

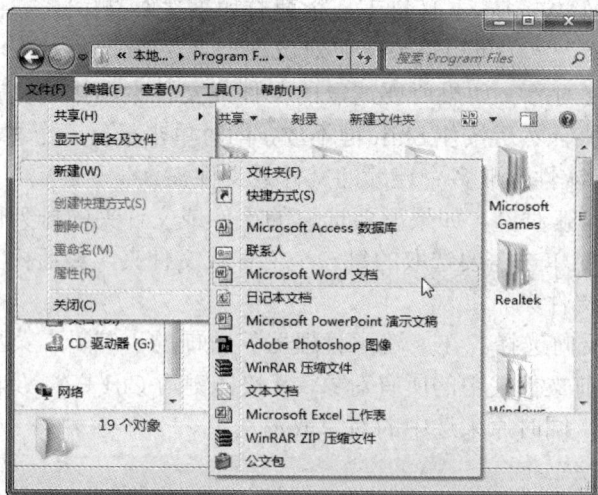

图 3-17　新建文件或文件夹

7. 删除文件或文件夹

选中文件或文件夹后，可用下述方法删除选中的文件或文件夹：

(1) 执行"文件→删除"命令。

(2) 按 Delete 键。

(3) 在选中的文件或文件夹上右击，在弹出的快捷菜单中选择"删除"命令。

8. 删除或还原"回收站"中的文件或文件夹

"回收站"为用户提供了错误删除文件和文件夹的补救措施。用户从硬盘中删除文件或文件夹时，Windows 7 会自动将其放入"回收站"中，直到用户将其清空或还原到原位置。

双击桌面上的回收站图标打开"回收站"窗口，执行"文件→清空回收站"命令，可以删除"回收站"中所有的文件和文件夹；可以像删除其他对象一样删除回收站中的部分文件和文件夹；执行"文件→还原"命令可以把回收站中选中的文件或文件夹还原到原来的位置。

9. 搜索文件和文件夹

有时候用户需要查看某个文件或文件夹，却忘记了该文件或文件夹的名称或存储位置，可以使用"搜索"功能来搜索需要查看的程序和文件，具体方法如下：

(1) 打开"计算机"窗口，在"搜索"框里，输入要搜索的文件或文件夹的名称，例如：搜索以字母 A 开头的文件和文件夹，输入"A*"，如图 3-18 所示。

(2) 电脑会自动在当前文件夹及下级文件夹中搜索对应名字的文件或文件夹。

(3) 用户可以在左侧的文件夹树里选择具体的某个文件夹以缩小搜索范围。

(4) 搜索结果自动显示在窗口的右侧。

提示：Windows 7 在搜索时，支持使用通配符"？"和"*"两个符号。其中，"？"可以代替单个任意字符，"*"可以代替多个任意字符。

图 3-18 "搜索结果"对话框

10. 创建快捷方式

创建快捷方式就是建立各种应用程序、文件、文件夹、打印机或网络中的计算机的快捷方式图标，通过双击该快捷方式图标，即可快速打开该项目。快捷方式图标和一般的应用程序图标的不同之处在于，快捷方式图标的左下角有一个跳转箭头。创建快捷方式的方法如下：

(1) 在"资源管理器"中，选中要创建快捷方式的应用程序、文件、文件夹、打印机或计算机等对象的图标。

(2) 执行"文件→创建快捷方式"命令，或在选中的对象上右击，在弹出的快捷菜单中选择"创建快捷方式"命令，即可创建该项目的快捷方式。

可以将项目的快捷方式移动或复制到桌面上或其他方便使用的位置，还可以使用右拖对象的方法，创建对象的快捷方式，具体方法为：把对象右拖到目标位置，在弹出的快捷菜单中选择"创建快捷方式"命令。

11. 设置桌面背景及屏幕保护

桌面背景就是用户打开计算机进入 Windows 7 操作系统后，所出现的桌面背景颜色或图片。

在"桌面"空白处右击，在弹出的快捷菜单中选择"个性化"命令，或者选择"开始→控制面板→个性化"，即出现"个性化"对话框，如图 3-19 所示。

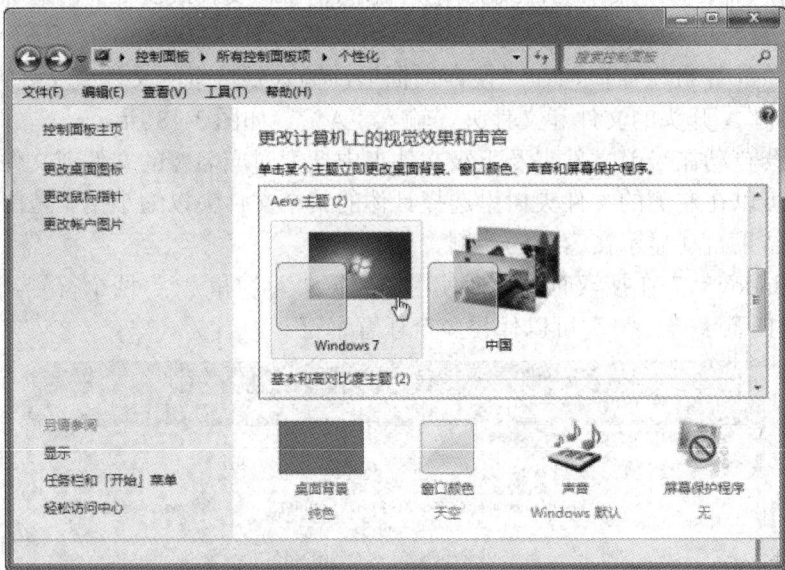

图 3-19　"个性化"对话框

在"主题"组，选择某个主题，可以立即更改桌面背景、窗口颜色、声音和屏幕保护程序。选定某个主题后，可以在此主题的基础上，单独选择"桌面背景"、"窗口颜色"、"声音"、"屏幕保护程序"等进行单项更改。

当设置了屏幕保护程序起作用后，用户在一段时间内未使用键盘、鼠标时，屏幕保护程序将自动启动，这时显示器屏幕显示动态画面，这样可以避免长时间显示同一个画面，影响像素点寿命或色彩显示。设置屏幕保护程序的方法为：在"个性化"对话框中单击"屏幕保护程序"，即可打开"屏幕保护程序设置"对话框，如图 3-20 所示。在"屏幕保护程序"下拉列表框中选择喜欢的屏幕保护程序，设置好等待时间并单击"确定"按钮。在超过等待时间后，用户没有使用计算机，则屏幕保护程序自动启动。

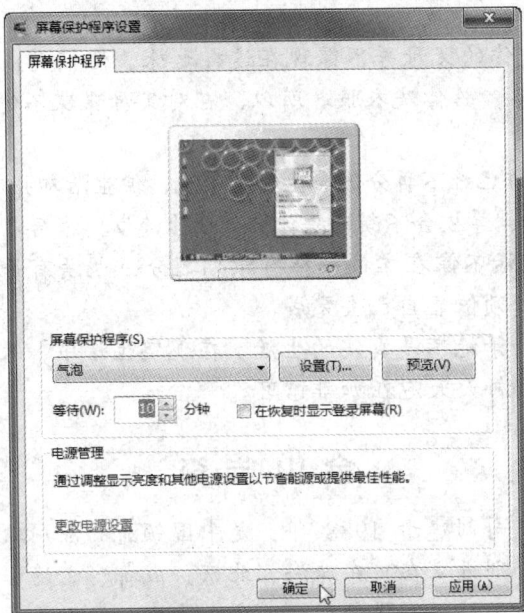

图 3-20 设置"屏幕保护程序"

12. 实用程序

中文版 Windows 7 的"附件"程序为用户提供了许多使用方便而且功能强大的工具，当用户要处理一些要求不是很高的工作时，可以利用附件中的工具来完成。比如"画图"工具可以创建和编辑图片；使用"写字板"或"记事本"可以进行文本文档的创建和编辑工作；使用"计算器"可以进行基本的算术运算。运行这些实用程序的方法是执行"开始→所有程序→附件"，在列出的实用程序名中选择要运行的程序名。上述工作虽然也可以使用专门的应用软件来完成，但是运行程序要占用大量的系统资源，而"附件"中的工具都是非常小的程序，运行速度比较快，这样可以节省很多的时间和系统资源，有效地提高工作效率。

【阅读材料】

比尔·盖茨名言——给青年的 11 条忠告

(首发于《时代》杂志)

1. 生活是不公平的，你要去适应它。

2. 这个世界并不会在意你的自尊，而是要求你在自我感觉良好之前先有所成就。

3. 刚从学校走出来时你不可能一个月挣 4 万美元，更不会成为哪家公司的副总裁，还拥有一部汽车，直到你将这些都挣到手的那一天。

4. 如果你认为学校里的老师过于严厉，那么等你有了老板再回头想一想。

5. 卖汉堡包并不会有损于你的尊严。你的祖父母对卖汉堡包有着不同的理解，他们称之为"机遇"。

6. 如果你陷入困境，那不是你父母的过错，不要将你理应承担的责任转嫁给他人，而要学着从中吸取教训。

7. 在你出生之前，你的父母并不像现在这样乏味。他们变成今天这个样子是因为这些年来一直在为你付账单、给你洗衣服。所以，在对父母喋喋不休之前，还是先去打扫一下你自己的屋子吧。

8. 你所在的学校也许已经不再分优等生和劣等生，但生活却并不如此。在某些学校已经没有了"不及格"的概念，学校会不断地给你机会让你进步，然而现实生活完全不是这样。

9. 走出学校后的生活不像在学校一样有学期之分，也没有暑假之说。没有几位老板乐于帮你发现自我，你必须依靠自己去完成。

10. 电视中的许多场景绝不是真实的生活。在现实生活中，人们必须埋头做自己的工作，而非像电视里演的那样天天泡在咖啡馆里。

金 山 传 奇

金山软件股份有限公司创建于 1988 年，是中国领先的应用软件产品和服务供应商。总部在北京，公司机构分别设立在广东珠海、北京、成都、大连，并在日本设有分公司。现在金山软件股份有限公司旗下有猎豹移动、金山办公、西山居、金山云四家子公司。其产品线覆盖了桌面办公、信息安全、实用工具、游戏娱乐和行业应用等诸多领域，自主研发了适用于个人用户和企业级用户的 WPS Office、金山词霸、剑侠情缘等系列知名产品。

金山软件公司由香港金山公司衍化而来。香港金山公司在 1973 年由张铠卿创建，主要经营 IBMPC 兼容机组装与销售业务，1980 年以后由张铠卿之子张旋龙管理。1988 年，求伯君加入香港金山公司，开发文字处理系统 WPS，成立金山公司深圳开发部，涉足软件开发领域，金山软件公司的雏形出现。

1989 年，发布 WPS 1.0 和金山 I 型汉卡，随后几乎垄断了国内的桌面轻印刷领域。1993 年，在香港金山公司与北大方正集团合资成立方正(香港)公司之前，张旋龙个人为求伯君提供资金，成立了珠海金山电脑有限公司。1994年，求伯君成立北京金山软件公司。1996 年，成立西山居工作室，发布内地第一款商业游戏《中关村启示录》。1997 年，发布内地最早的 RPG 游戏《剑侠情缘》；发布词典软件《金山词霸》；发布运行在 Windows 95 平台的 "WPS 97"。1998 年，联想集团入股金山，成为金山的大股东，金山公司重组。

2000 年，金山公司投资创建卓越网；发布反病毒软件《金山毒霸》。2003 年，成立北京金山研究院；组建北京金山数字娱乐有限公司。2004 年 11 月份创办了金山网络联盟，这是以金山软件的强大产品线为基础的广告联盟。2007年，金山公司于香港交易所上市。2008 年 11 月 18 日，金山软件举行 20 周年庆典，WPS2009、金山词霸 2009、金山快译 2009、金山毒霸 2009 四大新品闪耀发布。2009 年 11 月 30 日，成立北京金山安全软件有限公司，雷军为法定代表人及董事会主席。

2010 年 11 月 10 日，成立金山网络，原可牛软件 CEO 傅盛出任金山网络 CEO，原金山安全 CEO 王欣出任 COO，求伯君与雷军均为金山网络董事会成员，并宣布金山毒霸永久免费。2011 年 7 月 5 日，董事长兼 CEO 求伯君正式公布了其退休计划，计划在未来半年内辞去在金山软件的所有执行性职务，正式退休。董事会提名委员会提名雷军出任董事长，董事会通过了这个提议。2011 年 7 月 6 日，腾讯控股入股金山软件 15.68%权益，总代价约 8.92 亿港元。2011 年 10 月 19 日，金山软件宣布，自 2011 年 10 月 24 日起，任命原微软亚洲工程院院长、亚太研发集团首席技术官张宏江博士为金山软件首席执行官(CEO)。2014 年 3 月 18 日，金山软件以 6.1404 亿日元的价格向猎豹(金山在线全资附属公司)出售 20%日本金山股权。

金山公司的起家产品，始创于 1988 年，最初是一个文字处理软件，发展为一个完整的办公包，包含文字、表格、幻灯片三个组件 。截止到 2008 年，在国产办公软件领域，WPS Office 个人版产品用户量超过 2000 万，专业版产品政府采购量超过 25 万套，采购企业用户超过 830 家大中型国内知名企业。支持 Windows、Android、Linux 平台，OS X 正在测试中。

金山词霸是一款翻译与词典软件，国内用户累计达数千万。拥有离线查词、纯英/美真人发音、智能划译、多重环境下取词等功能。支持 Windows、OS X、Android、iOS 四大平台。

金山卫士是一款由金山网络技术有限公司出品的查杀木马能力强、检测漏洞快、体积小巧的免费安全软件。

金山毒霸(Kingsoft Antivirus)是反病毒软件，从 1999 年发布最初版本至 2010 年，由金山软件开发及发行。2010 年 11 月金山软件旗下安全部门与可牛合并，合并后的新公司金山网络全权管理金山毒霸。

金山公司设有西山居、七尘斋、亚丁、鲸彩等工作室和游戏运营中心管理和运营金山网络游戏，主要从事 MMORPG (大型多人在线游戏) 产品的自主研发和运营。产品主要有下述系列：武侠系列、玄幻系列、Q 版系列、魔幻系列、神话系列、FPS 系列等，还有霸域、无双三国等网页游戏和封神争霸、幻兔迷城、水果篮子等手机游戏。

金山公司在发展过程中获得了很多荣誉。1997 年，《WPS 97》入选"惠普杯"连邦国产十佳软件；1998 年，《WPS97》和《金山词霸》分别获《中国青年报》国产软件品牌知名度第一和第四；1999 年，《金山词霸 III》在《大众软件》杂志社评选的"最有影响力十大应用软件"中名列第二；2000 年，《WPS2000》被中国软件行业协会推荐为"优秀软件产品"；2002 年，《金山词霸》、《金山快译》获得《电脑报》评选出的"读者首选品牌"和"市场占有率第一"等四项大奖；2003 年，《剑侠情缘》获得新闻出版总署颁布的"十大最受欢迎的民族游戏奖"、"十大最受欢迎的单机游戏奖"、"十大最受欢迎的网络游戏奖"等奖项；2004 年，《剑侠情缘网络版》获得"最佳国产网络游戏奖"；2005 年，金山软件在中国软件行业协会游戏软件分会年度评选中，获"2005 年度中国游戏行业优秀企业奖"；2006 年，《WPS office 办公软件》、《金山词霸》、《金山毒霸》获"连邦十年十大最具影响力国产软件"；2007 年，金山软件获得由北京市人民政府、国家科技部、中科院联合颁发的"中关村科技园区创新型试点企业"称号；2008 年，金山软件获得"中国游戏产业年会特别奖"、"中国游戏企业爱心奖"；2009 年，金山软件在由中国国际网络文化博览年会组委会举办的"2009 中国网络文化盛典"评选活动中，获得"网络技术创新奖"；2010 年，金山软件被北京动漫游戏产业联盟评为"副会长单位"；2011 年，《剑网 3》在"中国网游风云榜"评选活动中，被评为"2010 年度中国年度最佳 3D 网络游戏"；2012 年，WPS Office 荣膺世界知识产权组织版权金奖作品奖。

第三节　Android 操作系统

一、手机操作系统简介

同个人电脑一样，目前广泛使用的智能手机也拥有独立的核心处理器(CPU)和内存，具有操作系统，独立的运行空间，可以由用户自行安装软件、游戏、导航等第三方服务商提供的应用程序，通过安装更多的应用程序，使智能手机的功能得以扩展。

就目前使用的手机而言，主流的操作系统主要有谷歌的 Android、苹果的 iOS、微软的 Windows Phone、诺基亚的 Symbian、黑莓的 BlackBerry OS、微软的 Windows Mobile 等，其中拥有用户群体最多的当属 Android 和 iOS。

1. iOS

iOS 是由苹果公司开发的手持设备操作系统，iOS 的产品有如下特点：

(1) 优雅直观的界面。iOS 创新的 Multi-Touch(多点式触控屏幕技术)界面专为手指而设计。

(2) 软硬件搭配的优化组合。Apple 同时制造的 iPad、iPhone 和 iPod Touch 的硬件和操作系统都可以匹配，高度整合使 App(应用)得以充分利用 Retina(视网膜)屏幕的显示技术、Multi-Touch 界面、加速感应器、三轴陀螺仪、加速图形功能以及更多硬件功能。Face Time(视频通话软件)就是一个绝佳典范，它使用前后两个摄像头、显示屏、麦克风和 WLAN 网络连接，使得 iOS 成为优化程度最好、最快的移动操作系统。

(3) 安全可靠的设计。苹果的产品设计了低层级的硬件和固件功能，用以防止恶意软件和病毒的危害；还设计有高层级的 OS 功能，有助于在访问个人信息和企业数据时确保安全性。

(4) 多种语言支持。iOS 设备支持 30 多种语言，可以在各种语言之间切换。内置词典支持 50 多种语言，VoiceOver(语音辅助程序)可阅读超过 35 种语言的屏幕内容，语音控制功能可读懂 20 多种语言。

(5) 新 UI(User Interface)的优点是视觉轻盈，色彩丰富，更显时尚气息。Control Center 的引入让操控更为简便，扁平化的设计能在某种程度上减轻跨平台的应用设计压力。

2. Android

安卓是一种以 Linux 为基础的开放源码操作系统，Android 平台的最大优势是开放性，即允许任何移动终端厂商、用户和应用开发商加入到 Android 联盟中来，允许众多的厂商推出功能各具特色的应用产品。平台提供给第三方开发商宽泛、自由的开发环境，由此会诞生丰富的、实用性好、新颖、别致的应用。所以国内外许多厂商在这个开放的平台上，根据自己的企业文化和市场需求，开发出很多深度定制、独具特色的 Android 用户界面(即 User Interface，简称 UI)，所以我们看到不同品牌的手机除了外形设计不同外，界面和软件系统看上去也大不相同。

比较典型的 UI 系统主要有：小米 MIUI、华为 Emotion UI、锤子科技 Smartisan OS、LG Optimus、魅族 Flyme OS、中国移动 OMS、摩托罗拉 Blur 等。

二、Android 操作系统

Android 英文原意为"机器人"，Android OS 是 Google(谷歌)与由包括中国移动、摩托罗拉、高通、宏达和 T-Mobile 在内的 30 多家技术和无线应用的领军企业组成的开放手机联盟合作开发的，基于 Linux 的开放源代码的开源手机操作系统。Google 于 2007 年 11 月 5 日正式推出了其基于 Linux 2.6 标准内核的开源手机操作系统，命名为 Android，是首个为移动终端开发的真正的、开放的和完整的移动软件。

1. 安卓系统的应用

(1) 平板电脑。当谈到平板电脑时，84%的开发商说，他们有兴趣为苹果 iPad 编写程序，相对而言，只有 62%的开发商愿意为谷歌 Android 平板电脑编写程序。但是，据有关报告分析，谷歌 Android 仍然处于有利的位置。

(2) 智能电视。目前 Android 能战胜苹果的地方就是智能电视。约有 44%的开发商均称对谷歌电视非常感兴趣，而只有 40%的开发商对苹果电视感兴趣。在这个领域，Android 略胜一筹。

(3) 智能手机。安卓系统具有的开源特性，使得软件成本高昂这一困扰业界的问题迎刃而解——众多智能手机厂商在使用该平台时，并不需要支付任何费用，从而大大节约了成本，智能手机的门槛也因此骤然降低。对比其他智能手机平台的封闭和收费制，安卓系统以其开放性和免费颠覆了原有的产业规则。业界普遍看好安卓系统所带来的崭新市场机遇，国内三大运营商和众多手机厂商也纷纷加入了安卓的阵营。

(4) 移动互联网。可以预见，安卓系统将会被广泛应用在移动互联网设备上，这将进一步拓展安卓系统的应用范围，比如商务市场、车载市场(包括多媒体功能、智能导航功能、无线通信功能等)、证券投资、带版权的数字媒体传播等领域。

2. 安卓系统的优势

(1) 开放性。在优势方面，Android 平台首先就是其开放性，开放的平台允许任何移动终端厂商加入到 Android 联盟中来。

(2) 挣脱运营商的束缚。在过去很长的一段时间，特别是在欧美地区，手机应用往往受到运营商制约，使用什么功能、接入什么网络，几乎都受到运营商的控制。自从 iPhone 上市，用户可以更加方便地连接网络，运营商的制约减少。同样，互联网巨头 Google 推动的 Android 终端天生就有网络特色，将让用户离互联网更近。

(3) 丰富的硬件选择。这一点还是与 Android 平台的开放性相关，由于 Android 的开放性，众多的厂商会推出深度定制、功能特色各具的多种产品。

(4) 不受任何限制的开发商。Android 平台提供给第三方开发商一个十分宽泛、自由的环境，不会受到各种条条框框的阻挠。但也有其两面性，如何控制血腥、暴力等方面的程序和游戏也是留给 Android 的难题之一。

(5) 无缝结合的 Google 应用。如今叱咤互联网的 Google，从搜索巨人到全面的互联网渗透，Google 服务如地图、邮件、搜索等已经成为连接用户和互联网的重要纽带，而 Android 平台手机将无缝结合这些常用的 Google 服务。

3. 安卓系统的缺陷

(1) 安全和隐私。由于手机与互联网的紧密联系，个人隐私很难得到保护。

(2) 运营商仍然能够影响到 Android 手机。在国内市场，不少用户对定制机不满，感觉所购的手机像被人涂画了广告一般。这样的情况在国外市场同样出现。

(3) 过分依赖开发商，缺少标准配置。在 Android 平台中，由于其开放性，软件更多依赖第三方厂商，比如 Android 系统的 SDK 中就没有内置音乐播放器，全部依赖第三方开发，缺少了产品的统一性。

4. 安卓系统基本操作手法

1) 点击

"点击"是指轻触屏幕一次，这是安卓系统最基本的操作手法。

"点击"主要用于启动程序、执行操作、打开网页等。

2) 双击

"双击"是快速连续点击屏幕两次，这是安卓系统另一个基本操作手法。

"双击"主要是进行放大或缩小操作。

3) 双指缩放

"双指缩放"操作是两个手指同时接触屏幕，进行外扩或合拢的操作。

"双指缩放"其作用也是放大或缩小屏幕内容。与双击产生的放大效果不同的是，双指外扩手指，达到的放大效果更具"弹性"和"连续性"。

4) 长按

"长按"是指长按(至少 1 秒)屏幕。

"长按"是安卓系统非常重要的一个操作手法，在很多地方都可以长按某个对象，然后进行进一步操作。

此外，我们还可以长按程序中的某些内容，在弹出菜单中进行相应的操作。但凡我们想对屏幕中的内容进行某种操作(比如移动、复制、删除等)时，都可以尝试长按。

5) 长按+拖动

"长按＋拖动"是指长按住某个图标后不松开，然后拖着图标移动。

"长按＋拖动"主要用于移动桌面上的图标位置。

6) 滑动

"滑动"是指在屏幕上，上下或左右滑动，主要作用是翻页、滚动屏幕内容。

7) 摇一摇

"摇一摇"是指轻微的甩动手机。其原理是利用智能手机中的加速度传感器。它能捕捉手机的几种典型的运动模式如摇晃、甩动、翻转等。

8) 倾斜

有的游戏和应用，需要我们将手机左右倾斜进行操作。其原理是利用智能手机中的方向传感器，通过测量手机绕某个轴转过的角度来实现。

除以上介绍的几种基本操作手法外，在一些内置了体感功能的手机中，还有隔空翻页、体感拨号、体感接听等操作手法。

5. 安卓系统应用技巧

1) 查看手机 WiFi(WIFI)密码

一般情况下，不管是公司还是家里，首次输入正确的 WiFi 密码后，手机都会自动保存密码，一旦检测到这个 WiFi，手机就会自动连接，无需再次输入密码。因此，时间久了，同事问起，或者家里有朋友亲人来做客，需要连接 WiFi 时，连自己都会忘记 WiFi 密码，怎么办呢？总不能每次都重置密码吧！那么手机如何查看 WiFi 密码呢？

对于小米手机或者 MIUI 用户，可以采用分享密码二维码的方法：

点击手机设置里的"WLAN"，可以看到已经连接的 WiFi 右边有一个圆圈，圆圈里有一个向右箭头，点击圆圈然后拉到底下可看到"点击分享密码"的选项。点击该选项就出现 WiFi 密码的二维码了。让朋友打开微信，扫描这个二维码即可连接 WiFi，如图 3-21 所示。

图 3-21　分享密码

对于不是小米手机或者 MIUI 用户，可以打开自己手机微信的"扫一扫"，点击右上角的"…"，选择"从相册选取二维码"，这样也可以自动扫描显示出 WiFi 的密码，如图 3-22 所示。

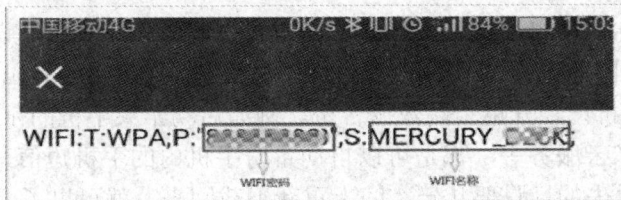

图 3-22　扫描二维码显示密码

2) 云备份(小米账号)

小米的系统升级到 MIUI V5 之后就增加了小米云服务的功能,但小米云服务只能在小米的 MIUI 系统上申请。如果是小米手机的话,使用的系统默认就是 MIUI 系统,不是小米手机也可以通过刷机使用 MIUI 系统。

首先注册一个小米账号(可以用于登录小米官网、社区、小米云等),注册时可以通过手机号或邮箱注册。

注册成功后,在手机的设置里就有一个"云服务",登录你已经注册的账号即可。

在以后的使用中,当进入手机"设置"界面后,将看到"小米帐号",如图 3-23 所示,点击即可进入"小米云服务"。

小米云服务有很多非常实用的功能,首先最基本也是最重要的功能就是文件备份。在"小米云服务"界面中,开启需要云同步的数据,如图 3-24 所示,系统将自动备份联系人、短信、相册、便签等到小米云服务中,也可以点击"云同步数据"进行即时备份。

此外,小米云服务还有"找回手机"的功能。

图 3-23   小米账号

3) 恢复手机联系人的方法

手机联系人也称为手机通讯录,如果手机本身出现故障或者用户误删除都会丢失手机联系人数据。想找回手机通讯录(联系人电话)有很多方法,常用的有以下两种:

(1) 如果你的手机已经开启云端数据备份,例如启动苹果手机的 iCloud 云服务,或者小米手机提供的小米云服务等,都是可以自动备份手机内的手机短信、通讯录、图片、视频等数据的,一旦丢失的话只要从云空间上重新下载回来,就可以了。

恢复手机通讯录的具体方法:

　　打开浏览器(手机、电脑均可，此处以电脑为例)。百度搜索"小米云服务"或者直接在网址栏输入"i.mi.com"，进入"小米云服务"登录界面，如图3-24所示。

　　点击"使用小米帐号登录"后，在登录界面，如图3-25所示，输入账号、密码登录。

图3-24　小米云服务

图3-25　登录界面

　　登录成功后，会出现小米云服务的功能菜单，如图3-26所示，点击"通讯录"按钮(如果想恢复短信、照片或便签，则点击相应的图标)。

　　在打开的"通讯录"界面中，点击左下角的"恢复联系人"按钮，如图3-27所示。

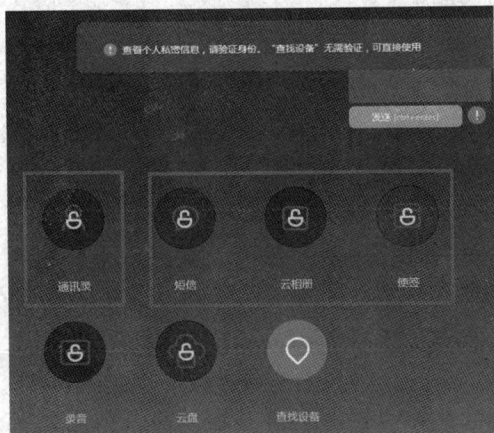

图3-26　从云服务恢复数据

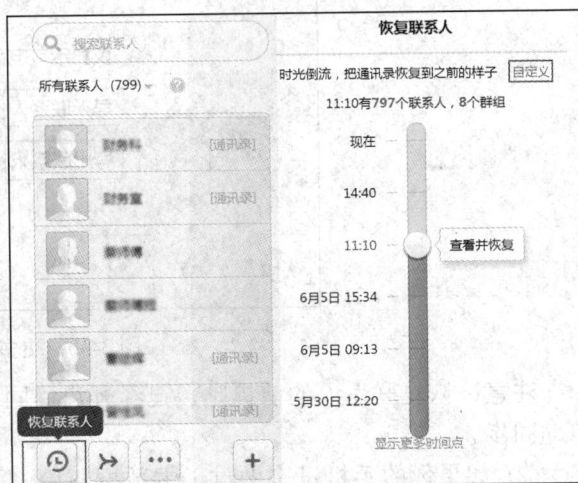

图3-27　恢复联系人

　　拖动如图绿色时间柱上的圆形按钮至想要恢复的时间点，然后点击"查看并恢复"按钮。也可点击图中"时光倒流，把通讯录恢复到之前的样子"后的"自定义"，将出现"还原通讯录到"对话框，如图 3-28 所示，设置好时间，点击"恢复"按钮。在"提示"对话框中点击"确定"，如图 3-29 所示，即可将通讯录恢复到手机。

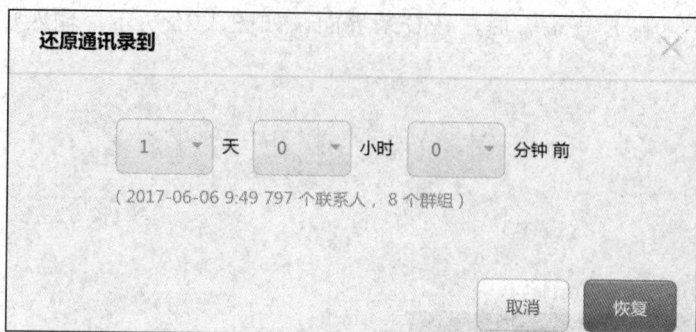

图 3-28　设置恢复时间

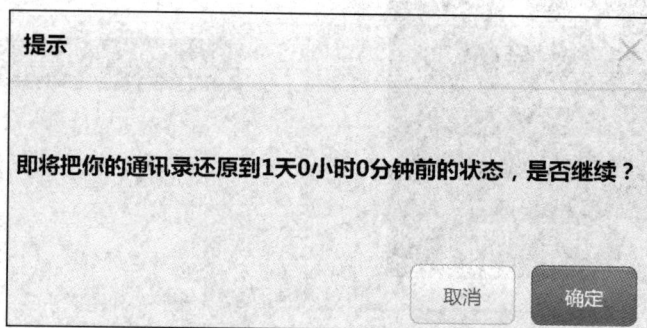

图 3-29　通讯录还原

也可以在"通讯录"界面中，点击左下角的"…"(更多)按钮，如图 3-30 所示，在弹出的菜单中使用"导出联系人"和"导入联系人"功能来恢复(备份)联系人。

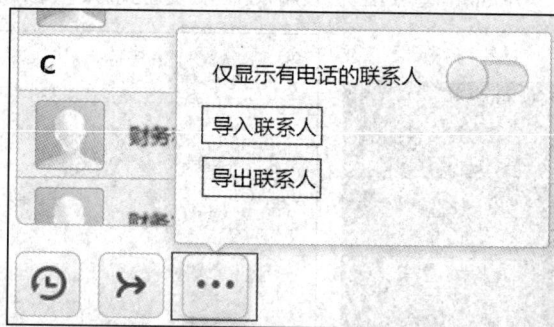

图 3-30　更多功能

注意：恢复联系人的前提是，已经开启"同步联系人"并在有网络的情况下，完成了自动同步。

(2) 如果你的手机没有做过云端数据备份，并且是安卓系统手机，那么就可以考虑选择免费的安卓手机数据恢复 APP。

当然了，我们要确保手机数据的安全，最好的还是不要将重要的数据存放在手机当中。如果已经将重要的数据存放在手机内，那么就应该尽快开启手机数据云端备份服务。另外，数据恢复专家也建议，任何情况下当手机出现数据丢失的情况，都应该第一时间进行处理，时间拖延越久，数据恢复的可能性也就越低。

4) 小米手机的开发者选项

如果需要将手机与电脑连接进行数据传输，则需要进入开发者选项，并开启手机的 USB 调试，这样才能获得权限与电脑连接！对于一般用户来说，可能觉得开发者选项是一个高大上的东西，是开发人员才能够使用的，其实它没有那么神秘。

首先进入"设置"界面，在最下面找到"关于手机"，点击进入，如图 3-31 所示。找到"MIUI 版本"，并连续点几下，直到系统提示"您已进入开发者模式"即可。

图 3-31　关于手机

返回设置界面，在中间找到并点击进入"更多设置"，这时你会发现，在"辅助功能"下面多了一个"开发者选项"，表明已经成功地开启了开发者选项，如图 3-32 所示。

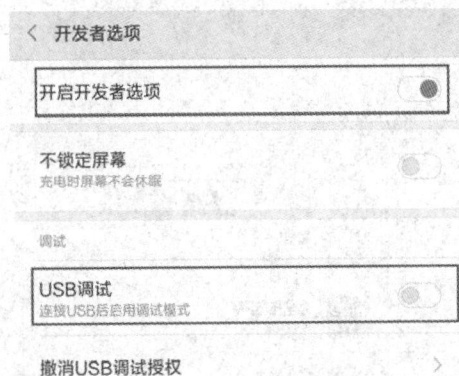

图 3-32　开发者选项

进入开发者选择项，开启 USB 调试，就能在手机和电脑之间自由传输文件(复制文档，音乐，视频等)。

以下技巧能使用户最大程度远离使用手机所带来的危险：

(1) 不要下载安装未通过手机系统认证的 APP。

隐患：很多未认证的 APP(应用)和垃圾软件，会涉及隐私权限，威胁用户的信息安全，所以下载安装这类应用时需特别谨慎。

建议：尽量下载安装通过官方开发者认证的 APP(应用)，不要下载安装来路不明的应用，另外多看评论也能避免上当！比较稳妥的方法是，通过手机自带的应用商店(或应用市场)下载应用，在保证安全的同时，还能减少从其他渠道下载的应用与系统不兼容的问题。

(2) 不要通过电脑 USB 安装应用。

隐患：若通过电脑版手机助手直接安装应用，安装过程会跳过查看和设置应用权限这重要一步，用户的信息安全将会受到威胁。

建议：可先下载所需的应用安装包，然后将安装包传输至手机，通过手机"文件管理器"打开和安装应用，这样在安装过程中就可以看到并能设置应用程序相关的权限，从而保护用户的信息安全。

(3) 谨慎对待应用程序的权限。

如果用户在安装应用程序过程中，没有设置应用程序所需的权限，或者虽然用户已经设置过应用权限，但应用程序在更新后自动增加权限时，应用软件有可能会在用户毫不知情的情况下读取联系人、短信等私密信息，还会获取地理位置、拍照、录音，甚至自动发送短信或拨打电话等操作，给用户的信息安全带来一定的威胁。所以应及时关闭应用软件涉及用户隐私的权限，可以通过应用权限进行管理。

设置应用权限的方法：

进入手机的"设置"界面，点击"应用管理"中的"授权管理"，在"授权管理"界面中，如图 3-33 所示，点击"应用权限管理"。在出现的界面中选择"权限管理"，如图 3-34 所示，并选择相应的应用(需要设置的应用)，即可进行相应的应用权限管理("×"表示禁止、"？"表示询问、"√"表示允许)，如图 3-35 所示。

图 3-33　授权管理　　　　　图 3-34　应用权限管理　　　　　图 3-35　应用权限设置

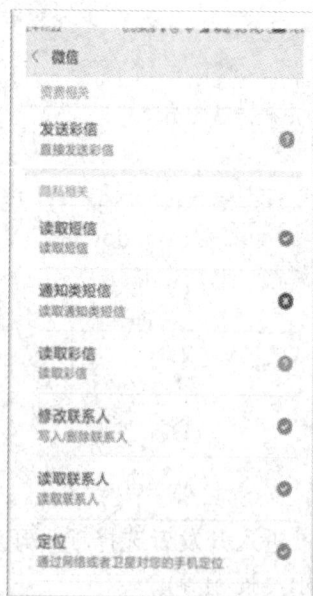

(4) 关闭位置信息访问权限。

隐患：很多应用可以通过手机定位而获取用户的地理位置信息。

建议：使用智能手机时，能避免显示位置的要尽量避免。如果你确定应用程序请求的这项信息对你有用(比如导航软件)，那么在此时可以开启，而平时不使用时，建议及时关闭此项。

操作方法：打开手机"设置"，选择"位置信息"，点击"关闭"即可。

(5) 及时清理浏览器 Cookies。

隐患：由于浏览器 Cookies 最主要的作用是记录用户登录信息，这样就有可能存在用户信息泄漏的风险。

建议：清理 Cookies 不仅仅是清除了浏览器所生成的垃圾，提高系统运行速度，而且也能保证个人私密信息不被泄露。因此要养成定期清理 Cookies 的习惯。

操作方法：打开手机的浏览器，点击界面下方的有三横线的"菜单"按钮，在弹出的界面中选择"设置"，找到"清除数据"，选中 Cookies，点击下方"清除数据"即可。

(6) 禁用后台进程。

隐患：后台程序在待机时除了会消耗用户流量外，还会自动回传用户数据信息，有可能存在用户信息泄漏的风险。

建议：及时禁用后台进程，这样既可以省电，又可以有效防止泄露用户信息。

操作方法：在手机桌面上点击"设置"，选择"高级设置""开发者选项"，进入开发者选项界面，点击"后台进程控制"，选择"不允许后台进程"。

注：部分手机未开放"开发者选项"，则不能进行此项设置。

习　题

1．操作系统有哪些功能？
2．操作系统可以分为哪几类？
3．常用的操作系统有哪些？
4．请说出在 Windows 7 中关闭计算机的步骤。
5．简述 Windows 7 桌面的组成部分。
6．在 Windows 7 中用鼠标可以进行哪些操作？
7．简述右拖鼠标可以实现哪些操作？
8．简述 Windows 7 窗口的组成部分。
9．在"计算机"中图标有哪些显示方式？怎样操作可以改变图标的显示方式？
10．在"计算机"中图标有哪些排序方式？怎样操作可以改变图标的排序方式？
11．在 Windows 7 中关闭窗口的方式有哪些？
12．有些菜单命令右边有一个右向三角符，它表示如果选择这条命令，会出现_____；有些菜单命令显示为灰色，这是表示_____；有些菜单命令右边有一个省略号(…)，表示如果选择这条命令，会显示一个_____；有些菜单前有一个小方框，可用鼠标单击使小方框中出现勾号或取消勾号。一个菜单前有对钩(√)表示_____。

13. 写出能够完成下述操作的快捷键操作方式：

选中窗口内全体对象：

选中窗口内连续的多个对象：

选中窗口内不连续的多个对象：

复制：

剪切：

粘贴：

14. 文件有哪些属性？

15. 删除文件有哪些方法？分别写出操作步骤。

16. 通配符"？"和"*"两个符号分别代表什么含义？举例说明在实际操作中如何使用。

第四章　汉字录入训练

本章介绍与输入法相关的知识，包括输入法的分类以及输入法的选用，重点讲述中文 Windows 系统中常用汉字输入法(全拼输入法、QQ 拼音输入法、搜狗拼音输入法、小鸭五笔字型输入法、QQ 五笔字型输入法)，讲解如何使用五笔打字专家 Ccit3000 来学习标准英文指法与五笔字型输入法。

第一节　输入法概述

要学习并掌握计算机汉字录入技术，就不可避免地涉及"输入法"(即汉字录入的方法)这一概念。在计算机中进行汉字录入的输入法有哪些？我们在进行汉字录入时应该怎样选择一种适合自己的输入法？本节内容将主要解决汉字录入学习者最关心的这两个问题。

一、输入法的分类

1．键盘输入法

键盘输入法就是利用键盘，根据一定的编码规则来输入汉字的一种方法。

英文字母只有 26 个，它们对应着键盘上的 26 个字母键，所以，对于英文而言是不存在什么输入法的。汉字的字数有几万个，它们和键盘是没有任何对应关系的，为了向电脑中输入汉字，我们必须将汉字拆分成更小的部件，并将这些部件与键盘上的键产生某种联系，才能通过键盘按照某种规则输入汉字，这就是汉字编码。

目前，汉字编码方案已经有数百种，其中在电脑上已经使用的就有几十种。作为一种图形文字，汉字是由字的音、形、义来共同表达的，汉字输入的编码方法，基本上都是采用将音、形、义与特定的键相联系，再根据不同汉字进行组合来完成汉字的输入。

目前的键盘输入法种类繁多，而且新的输入法不断涌现，各种输入法各有各的特点，各有各的优势。随着各种输入法版本的更新，其功能越来越强。目前的中文输入法有以下几类：

1) *应码(流水码)*

应码输入法以各种编码表作为输入依据，因为每个汉字只有一个编码，所以重码率为零，效率高，可以高速盲打，但缺点是需要的记忆量极大，而且没有太多的规律可言。

常见的流水码有区位码、电报码等，一个编码对应一个汉字。

这种输入法适用于某些专业人员，比如电报员、通讯员等。但在电脑中输入汉字时，这类输入法已经基本淘汰，只是作为一种辅助输入法，主要用于输入某些特殊符号。

2) 音码

音码输入法是按照拼音来进行汉字的输入，不需要特殊记忆，符合人的思维习惯，只要会拼音就可以输入汉字。但拼音输入法也有缺点：一是同音字太多，重码率高，输入效率低；二是对用户的拼音拼写要求较高；三是难于处理不认识的生字。

这类输入法很多，例如大陆的全拼、智能 ABC、紫光拼音、拼音加加、智能狂拼、微软拼音、QQ 拼音、搜狗拼音等，台湾的注音、忘型、自然、汉音、罗马拼音等，香港的汉语拼音、粤语拼音等。

这种输入法不适合专业打字员，但非常适合普通的电脑操作者，尤其是随着一批批智能产品和优秀软件的相继问世，中文输入跨进了"以词输入为主导"的境界，重码选择已不再成为音码的主要障碍。新的拼音输入法在模糊音处理、自动造词、兼容性等方面都有很大提高，有些拼音输入法还支持整句输入，使拼音输入速度大幅度提高。

3) 形码

形码是按汉字的字形(笔画、部首)来进行编码的，是一种将字根或笔画规定为基本的输入编码，再由这些编码组合成汉字的输入方法。例如，"好"字是由"女"和"子"组成，"明"字是由"日"和"月"组成，这里的"女"、"子"、"日"、"月"在汉字编码中称为字根或字元。

最常用的形码有大陆的五笔字型、表形码、码根码等，台湾的仓颉、大易、行列、华象直觉等，香港的纵横、快码等。

形码最大的优点是重码少，不受方言干扰，只要经过一段时间的训练，输入汉字的效率就会大大提高，因而这类输入法也是目前最受欢迎的一类。现在大多数打字员都是用形码进行汉字输入，而且对普通话发音不准的南方用户很有好处，因为形码中是不涉及读拼音的。形码的缺点是需要记忆的东西较多，长时间不用容易忘掉。

4) 音形码

音形码吸取了音码和形码的优点，将二者混合使用。 常见的音形码有郑码、钱码、自然码等。

音形码是目前比较常用的一种混合码。这种输入法以音码为主，以形码作为可选辅助编码，而且其形码采用"切音"法，解决了不认识汉字的输入问题。自然码保持了原有的优秀功能，新增加的多环境、多内码、多方案、多词库等功能大大提高了输入速度和输入性能，适合对打字速度有一定要求的非专业打字人员使用，如记者、作家等。

5) 混合输入法

为了提高输入效率，某些汉字系统结合了一些智能化的功能，同时采用音、形、义多途径输入。还有很多智能输入法把拼音输入法和某种形码输入法结合起来，使一种输入法中包含多种输入方法。

以万能五笔为例，它包含五笔、拼音、中译英、英译中等多种输入法。全部输入法只在一个输入法窗口中，不需要用户频繁切换。用户如果会拼音，就打拼音；会英语就打英语；如果不会拼音也不会英语，还可以打笔画；还有拼音＋笔画，为用户考虑得很周到。

除此之外，一般输入法都有一些辅助输入功能，比如联想功能、模糊音设置、自动造词、高频先见等。

随着网络的发展，很多输入法既可以输入简体字，又可以输入繁体字，适应性更强。

新的输入法还提供扩充 GBK 汉字库和 GBK 难字查询功能，便于难检字的输入。

此外，还有以字义为基础的输入法，如英汉输入法。此类型输入法主要针对使用外语的人士，只要输入相应字义的单词，即可输入该字，但速度比较慢，而且对使用者的英文水平有一定的要求。

2. 非键盘输入法

无论多好的键盘输入法，都需要使用者经过一段时间的练习才可能达到基本要求的速度，至少用户的指法必须很熟练才行，对于不是很专业的电脑使用者来说，多少会有些困难。所以，现在有许多人想另辟蹊径，不通过键盘而通过其他途径，省却了这个练习过程，让所有的人都能轻易地输入汉字。我们把这些输入法统称为非键盘输入法，它们的特点是使用简单，但都需要特殊设备，这里只做简单介绍。

非键盘输入法无非是手写、听写等方式，但由于组合不同、品牌不同而形成了很多不同的产品，如手写输入法、语音输入法、OCR 技术和混合输入法等。

1) 手写输入法

手写输入法是一种笔式环境下的手写中文识别输入法，符合中国人用笔写字的习惯，只要在手写板上按平常的习惯写字，电脑就能将其识别并显示出来。

手写输入法需要配套的硬件手写板，在配套的手写板上用专用笔或手指来书写录入汉字，不仅方便、快捷，而且识别率也比较高。手机及平板等智能设备基本都提供了手写输入的方法。

2) 语音输入法

顾名思义，语音输入法是将声音通过话筒采集，并由相应软件转换成文字的一种输入方法。语音识别以 IBM 推出的 Via Voice 为代表，国内则推出了 Dutty++ 语音识别系统、天信语音识别系统、世音通语音识别系统等。

以 IBM 语音输入法为例，虽然使用起来很方便，但错字率仍然比较高，特别是一些未经训练的专业名词以及生僻字。

语音输入法在硬件方面要求用户的电脑必须配备能进行正常录音的声卡，然后调试好话筒，用户就可以对着话筒用普通话语音进行文字录入。如果用户的普通话发音不标准，用户只要用它提供的语音训练程序，进行一段时间的训练，让它熟悉用户的口音，也同样可以通过讲话来实现文字输入。

3) OCR 技术

OCR 即光学字符识别技术，它要求首先把要输入的文稿通过扫描仪转化为图像才能识别，所以扫描仪是必需的，而且原稿的印刷质量越高，识别的准确率就越高，一般最好是印刷体的文字，比如图书、杂志等。如果原稿的纸张较薄，那么有可能在扫描时纸张背面的图形、文字也透射过来，干扰最后的识别效果。

OCR 软件种类比较多，常用的比如清华 OCR，在系统对图形进行识别后，系统会把不能确定的字符标记出来，让用户自行修改。

OCR 技术解决的是手写或印刷的重新输入的问题，它必须配备一台扫描仪，一般市面上的扫描仪都附带了 OCR 软件。

4) 混合输入法

手写加语音识别的输入法有汉王听写、蒙恬听写王系统等，慧笔、紫光笔等也添加了这种功能。

语音手写识别加 OCR 的输入法有汉王"读写听"、清华"录入之星"中的 B 型和 C 型等。

微软拼音输入法除了可以用键盘输入外，也支持鼠标手写输入，使用起来很灵活。

不论哪种输入法，都有自己的优点和缺点，我们可以根据自己的需要选择。

二、如何选用输入法

键盘输入、语音输入、手写输入各有优劣。相对来说，键盘输入技术比较成熟，目前的发展方向是智能化语句输入。手写识别输入技术目前已经解决了连笔问题，还要进一步解决好词组问题。语音输入技术因为其特殊性，除要求有相对安静的环境外，即使将来技术进步再大，也需要对文字中所出现的人名、地名及生僻字进行描述，因此，最终也只能作为辅助输入手段，要想完成工作必须配合手写或键盘输入。本章主要介绍键盘输入法。

现在比较流行的键盘输入法有 QQ 拼音输入法、搜狗拼音输入法、QQ 五笔输入法、小鸭五笔输入法、微软拼音输入法、智能 ABC 输入法、紫光拼音等。据统计，五笔字型输入法是目前使用最广泛、最快速、最准确的输入法。要达到较高的汉字输入速度，最好选用五笔字型输入法，学会五笔字型输入法，将会使我们受益终身。

使用键盘输入法来输入汉字，其输入速度取决于对键盘和编码的熟悉程度。因此要提高汉字输入速度，必须有快速、准确的英文指法，要能做到盲打，再配合五笔字型输入法，这样就可以快速准确地输入汉字。

第二节　中文 Windows 系统汉字输入法简介

中文 Windows 系统是面向使用汉字用户的操作系统，能够方便地进行汉字的输入、显示、存储和打印，为中文用户提供了一个方便的应用环境。下面将介绍在中文 Windows 系统环境下如何进行输入法之间的切换，以及中文 Windows 系统环境下常用的输入法。

一、中文 Windows 汉字输入法的使用

按组合键 Ctrl + 空格键可在英文或中文输入方式之间切换；若需要在各种汉字输入法之间切换，可按组合键 Ctrl + Shift。当选定一种输入法后，会弹出相应的汉字输入法状态框，如图 4-1 所示。

图 4-1　汉字输入法状态框

　　输入法状态框一般由"输入方法"、"中/英文切换"、"全角/半角"、"中/英文标点"和"软键盘"等按钮组成。其中："输入方法"框显示当前汉字输入法；"中/英文切换"按钮可实现中文和英文输入方式的切换；　"半角/全角切换"按钮可实现字符的半角和全角转换；"中/英文标点切换"按钮可实现中文和英文标点符号切换；"软键盘"按钮可在屏幕上显示或隐藏模拟键盘，将鼠标指向该按钮并单击右键，弹出模拟键盘菜单，可从中选择不同类型的模拟键盘。

二、中文 Windows 常用汉字输入法

1. 拼音输入法

　　拼音输入法是一种音码输入方案，常见的拼音输入法有全拼、双拼、智能 ABC、紫光拼音、QQ 拼音、微软拼音、搜狗拼音等。

　　(1) 全拼输入法。全拼输入法是按汉语拼音的顺序输入全部拼音字母，同音字可用数字键或鼠标在词语选择框中选字。全拼输入法不需要特别记忆和学习就能掌握，但每个汉字的输入码较多、重码多、速度慢。

　　(2) 双拼输入法。双拼输入法把所有的复合声母和复合韵母进行简化，规定各个声母和韵母都用一个字母(或个别字符)代替，因而只需击两个键就能输入一个汉字的拼音编码，但同样存在重码多、速度慢的缺点。

　　(3) 智能 ABC 输入法。智能 ABC 输入法是一种灵活、方便的汉字输入方法，为汉字输入速度要求不高的人员提供了一种简单易学的输入方法。

　　(4) 紫光拼音输入法。紫光拼音输入法是一个完全面向用户，基于汉语拼音的中文字、词及短语的输入法。

　　(5) QQ 拼音输入法。QQ 拼音输入法是类似于我们常用的智能 ABC 的一种中文简体文字输入法。与大多数拼音输入法一样，QQ 拼音输入法支持全拼、简拼、双拼三种基本的拼音输入模式。

　　(6) 微软拼音输入法。微软拼音输入法是一种基于语句的、智能型的拼音输入法，提供模糊音设置。使用者不需要经过专门的学习和培训，就可以方便使用并熟练掌握这种汉字输入法。

　　(7) 搜狗拼音输入法。搜狗拼音输入法是 2006 年 6 月由搜狐(SOHU)公司推出的一款 Windows 平台下的拼音输入法。搜狗拼音输入法是基于搜索引擎技术的、适合各种层次计算机用户使用的、新一代的拼音输入法，用户可以利用互联网备份自己的个性化词库和配置信息。搜狗拼音输入法从 2006 年推出至今已成为国内比较受欢迎的拼音输入法之一。

2. 五笔字型输入法

　　五笔字型输入法是一种形码输入方案，在国内外使用较广泛。采用五笔字型输入法时，

汉字的输入与读音无关。五笔字型输入法的基本思想是把汉字拆分成笔画、字根和单字三个层次，笔画组成字根，基本字根组成单字。输入汉字时，依据汉字的字形结构，将汉字拆分成若干基本部件(字根)进行编码，一个汉字的输入码最多四个，重码极少，加上简码和词组的输入，汉字输入的效率很高。

第三节　拼音输入法

拼音输入法对于那些不经常从事汉字录入，普通话发音比较标准的计算机操作者，还是比较适用的。

一、全拼输入法

全拼输入法是指按照标准的汉语拼音，即声母与韵母相拼，采用键盘上的 26 个英文字母，逐个输入汉字的拼音字母来输入汉字与词组的一种输入方法。这是所有汉字输入方式中出现最早、最基础、使用广泛的一种，现今国内几乎所有的汉字系统中都提供了这种输入方式。各种汉字系统切换到全拼输入法的操作方式略有不同，在本书中只讲述 Windows 系统中的切换，具体切换方式在本章第二节"中文 Windows 汉字输入法的使用"中已详细讲述，在此不再重述。

在使用全拼输入法输入汉字的过程中，编码区显示用户输入的拼音字母，重码区显示拼音字母所对应的汉字或词组重码。下面以输入汉字"杨"为例，具体介绍汉字输入过程。

1. 输入小写拼音码

在小写状态下，键入汉字或词组所对应的拼音字母(即声母与韵母)，屏幕中的重码区会显示出拼音字母所对应的汉字或词组。

例如，在小写状态下，键入"yang"，则屏幕显示内容如图 4-2 所示。

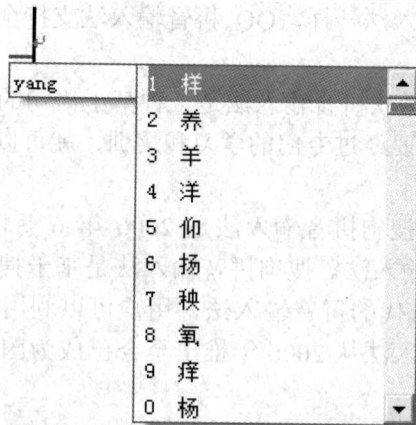

图 4-2　全拼输入编码区与重码区图

此时屏幕左边编码区显示拼音码"yang"，右边重码区显示出 10 个同音重码字，若在当前重码区找不到自己所需的汉字。则可以按"＋"(向后翻)键或"－"(向前翻)键选字，或者也可以用鼠标单击词语选择框中向上的三角符号或向下的三角符号，则重码区中会不断显示出其他的同音重码字。

2．选字

重码区显示重码字时，我们可用数字键 0～9 从提示框上选择所需的汉字或词组，其中标号为"1"的汉字或词组可按"1"键或按空格键选择。

注意：每个汉字或词组的拼音输完后只能作一次选择，选完后，再输入其他汉字或词组的拼音码，以输入其他的汉字或词组。

接上例，这时我们可用数字键 0～9 从提示框上选择所需的汉字，"杨"选"0"即可。

二、QQ 拼音输入法

QQ 拼音输入法(简称 QQ 拼音、QQ 输入法)是类似智能 ABC 的一种中文简体文字输入法，是 2007 年 11 月 20 日由腾讯公司开发的一款汉语拼音输入法软件，运行于 Windows、Mac 等系统下。在字句的输入操作方面，QQ 拼音输入法与常用的拼音输入法无太大差别。

1．QQ 拼音输入法特色

(1) 支持全拼、简拼、双拼三种基本拼音输入模式，支持单字、词组、整句的输入方式，默认显示五个候选字，以横向的方式呈现，最多可同时显示九个候选字，可以改变为纵向显示。

(2) 自带较多词库，词库中包含很多词组，例如"中国建设银行"、"中国工商银行"、"清华大学"、"北京大学"等。

(3) 具有导入用户词库功能，如果在安装后没有进行导入词库操作，则可以通过 QQ 拼音在开始菜单程序组中的快捷方式打开此功能。运行程序后，此功能会自动检测系统中的输入法并将支持导入的输入法词库显示在窗口列表中，以供用户进行选择，用户选择确定后即可按照提示轻松导入其他输入法的用户词库。

(4) QQ 拼音输入法支持用户词库网络迁移绑定 QQ 号码，支持词库网络同步更新功能，满足每个用户的个性化需求。

(5) 具有智能组词和词语联想功能，可以完成智能整句生成并完成长句输入；可以使用全拼输入、简拼或全简拼混合输入，会自动从词库中联想出可能的后续候选词，放置在设定的候选项位置，用户只需按相应的数字键选择即可完成输入。

(6) 可输入个性表情，例如，用户输入"wa"则出现"wa(⊙ 0 ⊙)哇"的表情。

(7) 可进行打字情况统计(包括速度、字数)。

(8) 具有截图功能。

2．手机版 QQ 拼音输入法特色

(1) 多种输入方式。手机版 QQ 拼音输入法支持九宫格全拼、全键盘全拼、双拼、笔画、手写、五笔、九宫格英文、全键盘英文、浮动键盘共九种输入方式。

(2) 词库及管理。手机版 QQ 拼音输入法支持核心词库、用户词库、通讯录词库和分类词库。核心词库即系统词库，会随软件的更新而更新；用户词库是用户自定义词语的集合；通讯录词库是为方便用户直接输入通讯录人名而提供的；分类词库是 QQ 拼音提供的共享在线词库集。

(3) 设置功能完善。手机版 QQ 拼音提供给用户完善的设置管理工具，包括基本设置、界面设置、词库管理和输入法管理四种类型。

3. Mac 版 QQ 拼音输入法特色

Mac 版 QQ 拼音输入法占用系统资源小，输入速度快，词库丰富，输入准确，智能整句生成，皮肤简约美观。

三、搜狗拼音输入法

搜狗拼音输入法(简称搜狗输入法、搜狗拼音)是 2006 年 6 月由搜狐公司推出的一款 Windows 平台下的汉字拼音输入法。搜狗拼音输入法是基于搜索引擎技术的输入法产品，用户可以通过互联网备份自己的个性化词库和配置信息。

1. 搜狗拼音输入法主要特色

(1) 词库丰富，词库中的词组能按照使用频率排列；
(2) 不定时在线更新词库，及时将流行的新词加载到词库中；
(3) 将许多符号表情整合进词库；
(4) 支持笔画输入；
(5) 支持手写输入，用户可以较快输入生字；
(6) 具有统计用户输入字数及打字速度的功能；
(7) 具有截图功能。

2. 手机版搜狗拼音输入法简介

手机版搜狗拼音输入法适用于智能手机、平板电脑，支持拼音、笔画、五笔、手写、智能语音等多种常见输入方式。

第四节　五笔字型输入法

五笔字型输入法对于那些经常从事汉字录入，或者普通话发音不标准的计算机操作者，应该说是最适用的汉字输入法。特别地，对于我国西南地区的大多数计算机操作者，由于受到地方语言的影响，在普通话发音方面都存在着或多或少的问题，所以以五笔字型输入法是他们的首选。本节将非常详细地介绍五笔字型输入法。

一、认识五笔字型编码

五笔字型编码是一种形码，它是按照汉字的字形(笔画、部首)进行编码的，在国内非常普及。下面简单介绍五笔字型编码的拆分规则。

1．汉字的笔画

在书写汉字时，不间断地一次连续写成的一个线段叫做汉字的笔画。在五笔字型输入法中，汉字的笔画分为横、竖、撇、捺、折五种。为了便于记忆和应用，依次用1、2、3、4、5作为它们的代号，如表4-1所示。

表4-1　汉字的笔画表

代号	笔画名称	笔画走向	笔画形状
1	横	左→右	一
2	竖	上→下	丨
3	撇	右上→左下	丿
4	捺	左上→右下	丶
5	折	带转折	乙

在汉字的具体形态结构中，其基本笔画"一、丨、丿、丶、乙"常因笔势和结构上的匀称关系而产生某些变形或者一带而变成钩，竖带钩的也算竖，横带钩的也算横，另外，一些基本笔画的大小，长短有时也很不一致，于是就派生出各种各样的笔画变异。特别是点"丶"归并到捺类中，类似地提笔归并到横类中。

2．笔画的书写顺序

在书写汉字时，应该按照简体正楷字的书写顺序。

3．汉字的部件结构

在五笔字型编码输入方案中，选取了大约130个部件作为组字的基本单元，并把这些部件称为基本字根。众多的汉字全部由它们组合而成。例如，"明"字由"日、月"组成，"吕"字由两个"口"组成。在这些基本字根中有些字根本身就是一个完整的汉字，如日、月、人、火、手等。

4．部位结构

基本字根按一定的方式组成汉字，在组字时这些字根之间的位置关系就是汉字的部位结构。其间的关系可分为四种情况：

(1) 单：即基本字根本身就单独成为一个汉字，如口、木、山、田、马、寸等。

(2) 散：指构成汉字的基本字根之间保持一定距离，如吕、明、汉等。

(3) 连：指一个基本字根连一单笔画，如"丿"下连"目"即成为"自"。连的另一种情况是"带点结构"，如勺、术、太。按规定，一个基本字根之前或之后的孤立点，一律视作是基本字根相连的关系。

(4) 交：指几个基本字根交叉套叠之后构成的汉字。例如，"农"是由"冖"和衣字的底构成，"申"是由"日丨"构成等。

5．汉字的三种字型

根据构成汉字的各字根之间的位置关系，可以把成千上万的方块汉字分为三种类型：左右型、上下型和杂合型。根据汉字的字型，也可用1～3作为其形状代号，如表4-2所示。

表 4-2　汉字字型表

字型代号	字型	字　例
1	左右	汉湘结封
2	上下	字莫花华
3	杂合	困凶道乘太重

表 4-2 中的杂合字型又叫独体字，左右和上下字型又统称合体字；两部分合并在一起的汉字又叫双合字，三部分合并在一起的又叫三合字。

因为在汉字编码取代码时，由于某些汉字字根较少、"信息量不足"，所以有必要再补加一个字型信息，而对于由四个部分以上组成或者可以分作四部分的汉字，其信息已够丰富，则不必要再考虑字型信息了，这就是我们今后要取"一二三末"四个字根，且不足四码要追加末笔交叉识别码的原因。

(1) 一型——左右型。

左右型汉字包括两种情况：

① 双合字中，两个部分分列左右，其间有一定的距离，如肚、胡、理、胆、拥等。

② 三合字中，整字的三个部分从左至右并列，或者单独占据一边的部分与另外两个部分呈左、右排列，如侧、别、谈等。

(2) 二型——上下型。

上下型汉字也包括两种情况：

① 双合字中，两个部分分列上下，其间有一定距离，如字、节、旦、看等。

② 三合字中，三个部分上下排列，或者单占一层的部分与另外两部分作上下排列，如：意、想、花等。

(3) 三型——杂合型(外内型汉字和单体型汉字)。

三型是指组成整字的各部分之间没有明确的左右或上下型关系者，如困、同、这、斗、头等。

综上所述，归纳如下：

(1) 基本字根单独成字，在将来的取码中有专门的规定，不需要判断字型；

(2) 属于"散"的汉字，才可以分左右、上下型；

(3) 属于"连"与"交"的汉字，一律属于第三型；

(4) 不分左右、上下的汉字，一律属于第三型。

二、五笔字型编码输入法

1．五笔字型编码的字根及排列

字根是由若干笔画交叉连接而形成的相对不变的结构。在五笔字型编码输入法中，选取了组字能力强、出现次数多的 130 多个部件作为基本字根，其余所有的字，包括那些虽然也能作为字根，但是在五笔字型中没有被选为基本字根的部件，在输入时都要经过拆分成基本字根的组合。

　　对选出的 130 多个基本字根，按照其起笔笔画，分成五个区，按一定顺序编号，就叫区号，以 1、2、3、4、5 表示。以横起笔的为第一区，区号为 1，从字母 G 到 A；以竖起笔的为第二区，区号为 2，从字母 H 到 L，再加上 M；以撇起笔的为第三区，区号为 3，从字母 T 到 Q；以捺(点)起笔的为第四区，区号为 4，从字母 Y 到 P；以折起笔的为第五区，区号为 5，从字母 N 到 X。

　　每一区内的基本字根又分成五个位置，共分成 25 位，每一个字母对应一个位(除 Z 键外)，按一定顺序编号，就叫位号，也以 1、2、3、4、5 表示。

　　综上，每个键位都对应有一个区号和位号，在表示过程中我们将区号和位号合在一起表示，故而也把每个键位对应的区号和位号合称为其区位号。区位号的表示方法是用两位数字来表示键位，即用十位数字表示区号，个位数字表示位号。例如：1 区顺序是从 G 到 A，G 为 1 区第 1 位，它的区位号就是 11；F 为 1 区第 2 位，区位号就是 12；D 为 1 区第 3 位，区位号就是 13；S 为 1 区第 4 位，区位号就是 14；A 为 1 区第 5 位，区位号就是 15。至于 2 区、3 区、4 区和 5 区的区位分布情况，不再一一列举。键盘的区位号分布(键盘中每个键左下角的数字即为其对应的区位号)如图 4-3 所示。

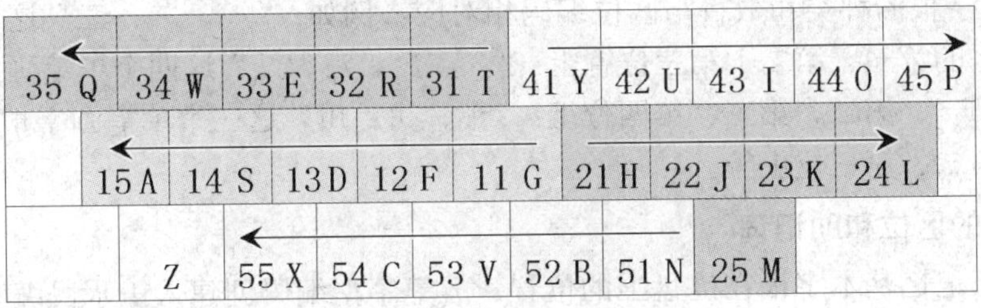

35 Q	34 W	33 E	32 R	31 T	41 Y	42 U	43 I	44 O	45 P
15 A	14 S	13 D	12 F	11 G	21 H	22 J	23 K	24 L	
Z	55 X	54 C	53 V	52 B	51 N	25 M			

图 4-3　键盘的区位号分布图

　　这样，130 多个基本字根就被分成了 25 类，每类平均 5～6 个基本字根。这 25 类基本字根安排在除 Z 键以外的 A～Y 的 25 个英文字母键上，每个键位都对应着几个甚至十几个字根。要想学好五笔，必须先记住每个字根所对应的键位。这些字根是按一定规律分配在键位上的，所以我们要掌握这个规律，便于记忆和理解。五笔字型键盘字根排列如图 4-4 所示。

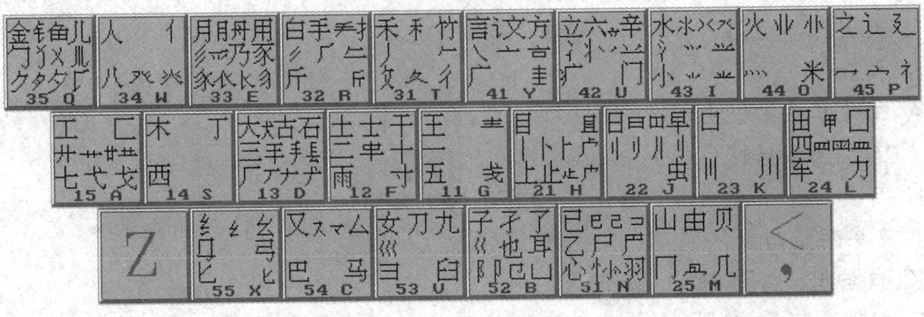

图 4-4　五笔字型键盘字根排列图

　　在同一个键位上的几个基本字根中，为了便于记忆，在每个区位中选取一个具有代表性的、最常用的字根作为键的名字，称为键名字。键名字根既是使用频率很高的字根，同时又是很常用的汉字。比如 G，区位号为 11，它的基本字根有"王、<u>キ</u>、五、一"等，就选取"王"作为键名字根。图 4-4 中键位左上角的字根就是键名字。

2．字根键位的特征

五笔字型输入法把 130 多个字根分成五区五位，科学地排列在 25 个英文字母键上便于记忆，也便于操作，其特点如下：

(1) 每键平均 2～6 个基本字根，有一个代表性的字根成为键名。为便于记忆起见，关于键名有一首"键名谱"：

① (横) 区：王、土、大、木、工
② (竖) 区：目、日、口、田、山
③ (撇) 区：禾、白、月、人、金
④ (捺) 区：言、立、水、火、之
⑤ (折) 区：已、子、女、又、纟

(2) 每一个键上的字根及其形态与键名相似。例如："王"字键上有一、五、戋、<u>キ</u>、王等；"日"字键上有日、曰、早、虫等字根。

(3) 基本字根的种类和数目与区位编码相对应。例如："一、二、三"这三个字根，分别安排在 1 区的第一、第二、第三位置上；"丶、冫、氵、灬"这四个单笔画字根，分别安排在 4 区的第一、第二、第三、第四位上；"丨、刂、川"这三个单笔画字根分别安排在 2 区的第一、第二、第三位上等。

3．字根的区位和助记词

为了便于记忆基本字根在键盘上的位置，五笔字型编码创建人王永民编写了字根助记口诀。口诀就是将每个键上的主要字根串联成一句话，只要你记熟这句口诀，那么这个键上的主要字根你便能够想起来。例如，口诀"土士二干十寸雨"就是字根"土"、"士"、"二"、"干"等字根在 F 键上，其他类似(对照口诀和键盘图便可理解)。熟悉口诀对于记住字根有重要的作用。字根的区位和助记口诀如下：

1(横)区字根键位排列

11G 王旁青头戋(兼)五一 (借同音转义)

12F 土士二干十寸雨

13D 大犬三羊古石厂("羊"是指"羊"字底)

14S 木丁西

15A 工戈草头右框七

2(竖)区字根键位排列

21H 目具上止卜虎皮 ("具上"指具字的上部)

22J 日早两竖与虫依

23K 口与川，字根稀

24L 田甲方框四车力

25M 山由贝，下框几

3(撇)区字根键位排列

31T 禾竹一撇双人立 ("双人立"即"彳") 反文条头共三一("条头"即"夂")

32R　白手看头三二斤（"三二"指键为"32"）

33E　月彡(衫)乃用家衣底

34W　人和八，三四里（"三四"即"34"）

35Q　金勺缺点无尾鱼，犬旁留乂儿一点夕，氏无七(妻)

　　　4(捺)区字根键排列

41Y　言文方广在四一，高头一捺谁人去

42U　立辛两点六门疒

43I　水旁兴头小倒立

44O　火业头，四点米（"火"、"业"、"灬"）

45P　之字宝盖，摘衤(示)(衣)

　　　5(折)区字根键位排列

51N　已半巳满不出己　左框折尸心和羽

52B　子耳了也框向上（"框向上"　指"凵"）

53V　女刀九臼山朝西（"山朝西"为"彐"）

54C　又巴马，丢矢矣（"矣"丢掉"矢"为"厶"）

55X　慈母无心弓和匕，幼无力（"幼"去掉"力"为"幺"）

这个口诀中，把每个区位号上的大部分字根都包含在里面。只有把它记熟了，才能进行拆字打字。

但是，光记住以上这些还不行，还要加强理解，记住每个字根的含义。比如说"大、犬、厂"这些字根，起笔都是横，第二笔都是撇，撇的代号是3，所以它们都在 D 键上。这个键上的"古"是个特例，既可以强行记住，也可以想象成"石"的变形，这两个字根有些相近。再举个例子，14 号 S 键，有三个字根"木、丁、西"，曾被认为是最没规律的分布，但我们也可以理解记忆，"木"末笔是捺，捺的代号是4；"丁"在"甲乙丙丁……"中排在第四位；"西"下部是个"四"。这些字根都与4有关，并且横起笔，所以分布在 14 位的 S 键上。

我们再看 21 号 H 键上的字根，键名字根是"目"，这里的字根很多。"具"字的上部与"目"形近，所以放在一起。其余的字根可以看成是一系列变形：一个系列是从一竖变到一竖一横，最后变到"皮"字的外部；还有一个系列是从一竖变到"走"字的下部。

$$丨 \rightarrow 卜 \rightarrow 卜 \rightarrow 卢 \rightarrow 广$$
$$丨 \rightarrow 卜 \rightarrow 上 \rightarrow 止 \rightarrow 止$$

我们再看 33 号 E 键上的变形，由键名字"月"，得到一系列变形字根，起笔都是撇和横折。"彡"是笔画字根，"豖"字有三个撇，所以归在 33 位，并由它引出一系列变形。

$$月 \rightarrow 目 \rightarrow 舟 \rightarrow 用 \rightarrow 乃$$
$$彡 \rightarrow 豕 \rightarrow 豖 \rightarrow 彐 \rightarrow 衣 \rightarrow 比$$

这样的例子还有很多，就 34 号 W 键上的变形而言，其实它的基本字根是"人"，再到"八"，再到登字的上部"癶"，最后到祭字的上部"癶"。这些字根都有两侧分开的走势，所以都归到这一个键上了。通过上面的分析，读者可以举一反三，分析其他键位上的字根变形和字根间的关系，做到融会贯通。

$$人 \rightarrow 八 \rightarrow 癶 \rightarrow 癶$$

字根的键位记住了，为什么这样分布也明白了，然后可以想象一下由这些字根可以组成哪些汉字。比如"氵"，可以组成很多字，例如"江、河、湖、海、洋"全都是。

$$氵　　江 河 湖 海 洋$$

这些基本字根，都能组成一系列的字，因为大多数汉字都是形声字。有一些字根，可以组成一个基本的汉字偏旁，比如 Q 键上的这个"犭"字根，加一撇就组成了"犭"。

$$犭 + 丿 = 犭$$

带这个偏旁的字很多，如"猪、狗、猫、狼"等都是。

在记字根时，试着写出每个字根所对应的汉字，对读者的记忆是有帮助的。平时一定要多做些练习，强化记忆，或者也可以在五笔字型练习软件中进行专项练习。

4．五笔字型输入的编码规则

五笔字型输入法的基本思想是精心地选择基本字根，由基本字根组成所有的汉字，然后有效地、科学地、严格地在目前计算机的输入键盘上实现汉字输入。五笔字型输入法一般击四键完成一个汉字的输入，编码规则分成以下两大类：

1）基本字根编码

这类汉字直接标在字根键盘上，其中包括键名汉字和一般成字字根汉字两种。键名汉字指王、土、大、木、工、目、日、口、田、山、言、立、水、火、之、禾、白、月、人、金、已、子、女、又，共 24 个。它们采用把该键连敲四次的方法输入。

一般成字字根的汉字输入采用先敲字根所在键一次(称为挂号)，然后再敲该字字根的第一、第二以及最末一个单笔画所在键，即键名代码＋首笔代码＋次笔代码＋末笔代码。例如：石，第一键为"石"字根所在的 D，二键为首笔"横"G 键，第三键为次笔"撇"T 键，第四键为末笔"横"G 键。

五种笔画("一"、"丨"、"丿"、"、"、"乙")的输入方法比较特殊，其编码为：第一、二键是相同的，即笔画所在的键，再在后面增加两个英文字母 LL 键。这样"一"、"丨"、"丿"、"、"、"乙"等的单独编码为："一"GGLL；"丨"HHLL；"丿"TTLL；"、"YYLL；"乙"NNLL。

2）复合汉字编码

凡是由基本字根组合而成的汉字，都必须按先后顺序拆分成基本字根，并确定其编码，然后再依次键入。

例如："天"字要拆分成一、大；"树"字要拆分成木、又、寸；"照"字要拆分成日、刀、口、灬等。拆分要有一定的规则，才能最大限度地保持其唯一性。

(1) 拆分的基本规则。

① 书写顺序。例如："新"字要拆分成立、木、斤，而不能拆分成立、斤、木；"想"字拆分成木、目、心，而不是木、心、目等，以保证字根序列的顺序性。

② 能散不连。如果一个汉字结构可以视为由几个基本字根以散的关系构成，就不要按连的关系拆分。例如："百"字应拆成"厂、日"，而不应拆成"一、白"。

③ 能连不交。如果一个汉字结构能按连的关系拆分，就不应按交的关系拆分。例如："于"字拆分为一、十，而不能拆分为二、丨。因为后者两个字根之间的关系为"交"而前者是"连"。拆分时遵守"散"比"连"优先、"连"比"交"优先的原则。

④ 取大优先。保证在书写顺序下拆分成尽可能大的基本字根，使字根数目最少。所谓最大字根是指如果增加一个笔画，则不成其基本字根的字根。例如："效"字拆分为六、乂、攵，而不拆分为亠、乂、攵。

⑤ 兼顾直观。例如："自"字拆分成丿、目，而不拆分为白、一等，后者欠直观。

(2) 编码规则。按上述原则拆分以后，按字根的多少分别处理：

① 刚好四个字根，则依次取该四个字根的编码输入。例如："到"字拆分成"一、厶、土、刂"，则其编码为 GCFJ。

② 超过四个字根，则取一、二、三、末四个字根的编码输入。例如："酸"字取"西、一、厶、夂"，编码为 SGCT。

③ 不足四个字根，加上一个末笔字型交叉识别码，若仍不足四码，则加一空格键。

(3) 末笔字型交叉识别码。对于不足四码的汉字，例如"汉"字拆分成"氵、又"只有 IC 两个码，因此要增加一个所谓末笔字型交叉识别码 Y，在本章最后的附录三中具体列出了所有的末笔字型交叉识别码汉字。

我们举个例子来说明它的必需性。例如："汀"字拆分成"氵、丁"，编码为 IS；"沐"字拆分成"氵、木"，编码也为 IS；"洒"字拆分成"氵、西"编码亦为 IS。这是因为"木、丁、西"三个字根都是在 S 键上。如果就这样输入，则计算机无法区分它们，为了进一步区分这些字，五笔字型编码输入法中加入了一个末笔字型交叉识别码，它是由字的末笔笔画和字型信息共同构成的。方法是将每一个汉字的最末一笔的笔画(横、竖、撇、捺、折)和该字的字型(左右型、上下型、杂和型)交叉后得到一个代码输入计算机，就能把上述这些汉字区分开，单独输入便不会造成重码。末笔笔画只有五种，字型信息只有三类，因此末笔字型交叉识别码只有 15 种。末笔字型交叉识别码表如表 4-3 所示。

表 4-3 末笔字型交叉识别码表

末笔 ＼ 字型	左右型 1	上下型 2	杂合型 3
横 1	11G	12F	13D
竖 2	21H	22J	23K
撇 3	31T	32R	33E
捺 4	41Y	42U	43I
折 5	51N	52B	53V

从表 4-3 中可见，"汉"字的交叉识别码为 Y，"字"字的交叉识别码为 F，"沐、汀、洒"的交叉识别码分别为 Y、H、G。如果汉字的字根编码和末笔交叉识别码都一样，这些汉字称重码字。对重码字只有进行选择操作，才能获得需要的汉字。

如何准确判定并快速加上识别码很关键，笔者认为只要"按图索骥"即可。所谓"按图"就是结合"五笔字根分区图及发散图"对"识别码字 15 区位分布图"进行比较识图，从中不难发现上述规律，然后再按此图进行指法习操演练(一般指法分工为：食指负责打的字是"上下型"和"左右型"，中指则负责"杂合型"；除了"乙区"较特殊之外，其三种字型均是用"食指"打。总之，打识别码是不用无名指和小指的)。如此"索骥"印象深刻，也就容易熟记了。

对识别的末笔，这里有两点规定：

① 所有包围型汉字中的末笔，规定取被包围的那一部分笔画结构的末笔，如：

困：其末笔应取"丶"，识别码为 43(I)

远：其末笔应取"乙"，识别码为 53(V)

② 对于字根"刀、九、力、七"，虽然只有两笔，但一般人的笔顺却常有不同，为了保持一致和兼顾直观，规定凡是这四种字根当做"末"而又需要识别时，一律用它们向右下角伸得最长最远的笔画"折"来识别，如：

仇：34 53 51 (WVN)

化：34 55 51 (WXN)

三、提高输入速度的方法

五笔字型一般敲四键就能输入一个汉字。为了提高速度，设计了单字简码输入和词组输入方法。

1. 单字简码输入

(1) 一级简码字(又称高频字)。对一些常用的高频字，敲一键后再敲一空格键即能输入一个汉字。高频字共 25 个，如图 4-5 所示。其中，键左上角为键名字，键右下角为高频字即一级简码字。

键	Q	W	E	R	T	Y	U	I	O	P
一级简码字	我	人	有	的	和	主	产	不	为	这

键	A	S	D	F	G	H	J	K	L
一级简码字	工	要	在	地	一	上	是	中	国

键	Z	X	C	V	B	N	M
一级简码字		经	以	发	了	民	同

图 4-5　一级简码字键盘分布图

(2) 二级简码字。二级简码字由单字的前两个字根代码加一空格键组成，最多能输入 $25 \times 25 = 625$ 个汉字。在本书最后的附录二中具体列出了所有的二级简码汉字。

(3) 三级简码字。三级简码字由单字的前三个字根加一个空格键组成。凡前三个字根在编码中是唯一的，都选作三级简码字，一共约 4400 个。虽敲键次数未减少，但省去了最后一码的判别工作，仍有助于提高输入速度。

2．词组输入

汉字以字作为基本单位，由字组成词。在句子中若把词作为输入的基本单位，则速度更快。五笔字型中的词和字一样，一词仍只需四码。词组代码的取码规则如下：

(1) 二字词组：分别取两个字的单字全码中的前面两个编码，共四位编码组成。

例如："计算"取"言、十、竹、目"构成词汇编码(YFTH)；"汉字"取"氵、又、宀、子"构成词汇编码(ICPB)；"机器"取"木、几、口、口"构成词汇编码(SMKK)等。

(2) 三字词组：前两个字各取第一个编码，第三个字取前两个编码，共四位编码组成。

例如："操作员"取"扌、亻、口、贝"构成词汇编码(RWKM)；"计算机"取"言、竹、木、几"构成词汇编码(YTSM)；"解放军"取"夕、方、冖、车"构成词汇编码(QYPL)等。

(3) 四字词组：每字取第一个编码，共四位编码组成。例如："程序设计"取"禾、广、讠、讠"构成词汇编码(TYYY)；"光明日报"取"小、日、日、扌"构成词汇编码(IJJR)等。

(4) 多字词组：取一、二、三、末四个字的第一个编码，共四位编码组成。例如："中华人民共和国"取"口、亻、人、囗"(KWWL)，"中央电视台"取"口、冂、日、厶"(KMJC)等。

五笔字型中的字和词都是四码。因此，词语占用了同一个编码空间。之所以词、字能共同容纳于一体，是由于每个词或字均由四码组成，共有 $25 \times 25 \times 25 \times 25$ 种可能的字编码，约 39 万个，有大量的编码空间空闲着。对词汇编码而言，由于词和字的字根组合分布规律不同，它们在汉字编码空间中各占据着基本上互不相交的一部分，因此词和字的输入完全一样。

3．汉字的重码与容错码

如果一个编码对应着几个汉字，则这几个汉字称为重码字；如果几个编码对应一个汉字，则这几个编码称为汉字的容错码。

在五笔字型中，当输入重码时，重码字显示在提示框中，较常用的字排在第一个位置上，并用数字指出重码字的序号。如果你要的就是第一个字，可继续输入下一个字，该字将自动跳到当前光标位置，其他重码字要用数字键加以选择。

例如："嘉"字和"喜"字，都分解成 FKUK，因"喜"字较常用，它排在第一位，"嘉"字排在第二位。若你需要"嘉"字则要用数字键 2 来选择。

为了减少重码字，把不太常用的重码字设计成容错码字即把它的最后一码修改为 L。例如：把"嘉"字的五笔编码定义为 FKUL，这样用 FKUK 输入，则获得唯一的"喜"字。

在汉字中有些字的书写顺序往往因人而异，为了能适应这种情况，允许一个字有多种输入码，这些字就称为容错字。在五笔字型编码输入方案中，容错字有 500 多种。

4．Z 键的用法

从五笔字型的字根键位图可见，26 个英文字母键只用了 A～Y 共 25 个键，Z 键用于辅助学习。

当对汉字的拆分一时难以确定用哪一个字根时，不管它是第几个字根都可以用 Z 键来代替。借助于软件，把符合条件的汉字都显示在提示框中，再键入相应的数字，则可把相应的汉字选择到当前光标位置处。在提示框中还显示了汉字的五笔字型编码，可以作为学习编码规则之用。

5. 一点建议

当前计算机日益普及，汉字录入技术已成为操作计算机最基本的能力要求，如何提高汉字录入速度(这种汉字录入速度指的是在用标准指法和盲打的情况下学生所达到的速度)显得尤为重要。提高汉字录入速度首先必须有正确快速的英文指法，其次必须熟练地记住字根，然后通过大量的练习熟练掌握常用汉字的拆分方法。因此建议：

(1) 要想快速学会五笔打字，不要把时间放在背字根上，找个好点的打字软件，边练习字根边记忆，像条件反射一样打字，打字速度就会快起来；

(2) 一般来说，学五笔不必死记字根键位图，直接在键盘上尝试输入即可，几天之后自然会形成无意识的条件反射，不自觉就往该按的地方按下去了；

(3) 从英文指法的练习开始，我们必须用正确的指法来提高英文打字速度；

(4) 对于一些特殊的字根，必须牢记；

(5) 不要忘记字根字与普通字输入方法的区别；

(6) 通过对"末笔字型交叉识别码"的练习，可以提高汉字录入的正确率；

(7) 通过对"高频字"、"二级简码"、词组的练习可以大大提高汉字录入速度；

(8) 录入汉字时如果不用词组，那么很难有较高的录入速度；

(9) 常用的中文(全角)标点符号应记住其输入方法。

【阅读材料】

王永民与五笔字型输入法

王码五笔输入法是最常用的汉字输入法之一，其发明人是王永民，教授级高级工程师，1943 年 12 月生于河南省南阳地区南召县贫农家庭，1962 年考入中国科技大学无线电电子学系，通诗文、书法、篆刻和音乐，现任中国民营科技实业家协会副理事长、北京王码电脑公司、北京王码网公司总裁。他的自我描述是"一介书生，半个农民"，座右铭是"科学是一本永远也写不完的书"，行为准则是"爱国、务实、创新"。

1977 年 10 月，王永民离开待了八年的四川永川国防科委某军事部门，回到家乡河南南阳。离开时，这位中国科技大学的高才生伤感地填了一首词："无才西蜀图相仕，有志南阳学躬耕。"他认为自己既然学不了诸葛亮在西蜀成就一番大业，就学诸葛亮在南阳做点实事。

回到南阳，王永民被分到地区科委工作。当时，日本人发明的汉字照相排版植字机很流行，南阳引进了一台，但这台机器在汉字输入时不能校对，出错就要重新照相制版，很麻烦。

　　川光仪器厂花 9 万元做出了"幻灯式"键盘来解决这个问题，但地区科委负责这个项目的王永民对这个"幻灯式"键盘越看越不顺眼，他询问川光仪器厂的总工："谁能记住 24 个幻灯片每个胶片上究竟放的是哪 273 个字，你的姓又在 24 个幻灯片中的哪个胶片上？"

　　总工被激怒了："王永民给我当徒弟，还得再学三年！""王永民是川光厂不受欢迎的人。"

　　"与其说这是一次羞辱，还不如说这是一次激励。人遇到一种羞辱，遇到一种打击，就会产生一种反作用力。我就要比一比，到底是你，还是我王永民讲科学，我一定要发明一个键盘取代你的东西。"王永民暗下决心。

　　南阳科委给王永民拨了 3000 元，让他搞试验。王永民要做键盘，首先要找到一种好的输入方案才行。于是，他跑到上海、苏州、杭州的科委情报所翻阅国内外相关资料，当时，王永民能够看到的输入法有王安 99 键的三角编码法以及国外各种各样的大键盘。"有单字的大键盘，也有主辅键的大键盘——一个键上有 9 个字，然后，这边有 9 个辅键用来选字，此方案比较流行，中国科技情报所用的就是这种主辅键方案。王安的方案我不赞成，拼音的方法，音读不准以及不认识的汉字怎么办？"

　　王永民得知郑州有人在研究拆分汉字的输入方案，就跑去对发明人说："我用你的方案做键盘，你把资料给我，我来把你的方案实现。"发明人说："我要把资料都给了你，我还有什么？"碰了一鼻子灰的王永民在 1980 年找到了《英华大辞典》的主编郑易里先生，两人见面，谈得很投机，郑教授说："我算是搞对象找对人了。"王永民把郑易里请到南阳，住进南阳最好的宾馆，郑易里的汉字编码是 94 个键方案，当时郑易里只有一张字根图，王永民雇了十几个小姑娘，把《现代汉语词典》中的 11 000 个汉字全部抄到 11 000 张卡片上，然后根据字根图编码。编完卡片一检查，有 800 对重码，而且，该方案还要分上下挡键，等于 188 键。

　　找了很长时间，没有找到好的汉字输入方案，王永民决定自己来做。从此，王永民踏上了压缩键位的艰难历程，从 138 键、90 健、75 键再到 62 键。1980 年 7 月 15 日，王永民把键位压缩到了 62 个，重码只有 26 对。"到这，我不再搞编码了，我认为我已经成功了。"此时，武汉开了一个汉字编码会议，王永民在会上公布了 62 键方案，立即引起轰动，被评为国内最好的四个方案之一，王永民大受鼓舞。

　　编码做好了，王永民开始着手采购集成电路，画电路图。电路机壳设计是王永民的强项。"我进入了一个自由王国，很快把键盘做出来了。"

　　1981 年，键盘通过鉴定，将要投入使用时，发现这个键盘缺少编辑功能键，王永民被迫拓展键盘。"设计功能键，把我累着了。要测试功能键的代码，还要研究它的电路，要弄清楚它出来的是什么信号，我的编码信号还要和它匹配，这是一件很麻烦的事。"焦头烂额的王永民突然想到："为什么要自己做功能键，如果能用原装键盘上的功能键该有多好。以前，只想着怎样把标准键盘上的功能键搬到汉字键盘上来，为什么不能把汉字搬到标准键盘上去呢？我数了数标准键盘中有 48 个键可用。62 键和 48 键也就是一步之遥，如果我能把 62 键变成 48 键，那么，我就可以用标准键盘了，就用不着费尽心力设计什么键盘了。"王永民在总结怎样跨出这关键一步时说，"没有走投无路寝食不安的焦心烦恼，就不可能产生突破。"从此做键盘的王永民，不再想着怎么做键盘了，尽管画电路图设计键盘是王永民的强项，尽管王永民的键盘已经花了一两万元做了出来，尽管为着这个 62 键方案，王永民已经编了几万张卡片，但王永民此时决定放弃。62 键方案变 48 键方案首先要解决重码问题。王永民找来 0 号描图纸，横向排 150 个字根，纵向排 150 个字根，第一位的编码字全都填在第一张纸上，第二位的编码字填到第二张纸上，第三位的编码字填到第三张纸上，然后把三张纸摞在一起，放在玻璃板上，下面用六个日光灯照射，这样所有的 GB 字谁和谁重码，谁和谁不重码，谁和谁相容，谁和谁不相容，谁和谁相关，谁和谁离散，全都看得一清二楚。原来改动一个字根，要把一万来张卡片全翻一遍，使用这种方法，很快就能知道：哪些字根能放在一个键上，哪些字根不能放在一个键上。比如说，"木"和"三点水"就不能放在一个键上，因为这个键后加个"工"，是江也是杠。这种用来检查重码的方法，现在看来比较土，但是这种方法对于没有计算机的王永民来说着实帮了大忙，"我现在愿意花十万块钱买回我这三张纸。"

实现了 48 键，A 型血追求完美的王永民又做成了 40 键，这时他又想向 26 键冲刺，"但怎么做都做不成。"

1982 年 6 月 2 日，当时任河南省副省长兼科委主任的罗干把王永民从南阳叫到了自己的办公室里。王永民给他介绍了半个小时，"他一听就明白。他问我需要多少钱，我想了半天，告诉他我需要 16 万 5 千元。"王永民笑着对我们说："没零不成账。"罗干就问管科委经费的田处长还有多少机动经费，回答还有 10 万元，罗干当时拍板："全给永民了。""在此之前，南阳科委第一次给了我 3000 元，第二次给了 6000 元，我穷得整天吃烧饼。"赶巧，这时日本在郑州展示计算机，送给了河南省科委三台计算机，其中最好的一台 PC8801，罗干当即批给了王永民。

搞了四年计算机汉字编码的王永民却一直没有计算机。"一种方案的设计未必需要计算机，这就好像画一个楼房的图纸不要砖头一样的道理。我很清楚，我给出代码，通过数码管显示出来，比如 625 335，代码就能抓到字，只要这个码唯一就行。"但有了计算机的王永民也把计算机当做宝贝，整天摸，今天算个这，明天算个那，然而这台 PC 并不能帮助王永民把汉字输入计算机，因为当时 PC 上还没有汉字系统。

1982 年隆冬，王永民带着优化了的 36 键方案来到保定，准备在保定华北终端厂上机试验。王永民等人花了 7 万元定购了一台 ZD2000 汉字终端，他们的附带要求是在这个终端上实现自己的编码方案。华北终端厂年轻的工程师王金梁用 Z80 编程，花了两个星期时间把 36 键方案在 ZD2000 汉字终端上实现了。当王永民用键盘通过自己的编码把汉字敲进计算机的时候，眼泪都出来了。但 36 键方案因为字根占用了数字键，输入数字时，需要换挡，很麻烦。"我是 A 型血追求完美，上机成功那天，我就决定否定它！但否定 36 键方案不是一件容易的事，已经做了那么多工作，而且已经上机成功，一切又要从头做起，有没有这种能力？我给罗干立过军令状，一年为期，拿出成果，后面，还要编写科委的成果管理软件，还有很多事要做；再则，即使用 36 键方案，也可以敲锣打鼓到河南省科委报喜，肯定没有问题，36 键方案已经是国内第一了。"

1978—1983 年，以五年之功研究并发明被国内外专家评价为"其意义不亚于活字印刷术"的"五笔字型"(王码)，以多学科最新成果之运用、集成和创造，提出"形码设计三原理"，首创"汉字字根周期表"，发明了25键4码高效汉字输入法和字词兼容技术，在世界上首破汉字输入电脑每分钟100字大关并获美、英、中三国专利。

1983年后，王永民又以15年之力推广普及"五笔字型"，使之覆盖国内90%以上的用户。王永民曾五次应邀赴联合国讲学，以"五笔字型"在全世界的广泛影响和应用，为祖国赢得了荣誉；1984年又荣获"五一劳动奖章"、"国家级专家"、"全国优秀科技工作者"等称号；1988年4月成为国务院特别命名的十名"全国劳动模范"之一；1993年当选为北京市十位杰出共产党员之一；1994年获"五一劳动奖章"，并获国家级专家、全国优秀科技实业家等称号。

20世纪90年代初期，在许多人的概念中，学计算机就是学五笔字型，会不会电脑就是会不会五笔字型。如今随着计算机应用的深入，五笔字型输入法在计算机领域的耀眼光辉逐渐暗淡了下来，这是无法改变的现实，但因此就把王永民说成为"不就是先入为主地发明了一个输入法吗？而且五笔字型也不见得是最好的输入法"的结论却有失公允。

王永民的意义绝不仅仅在于发明了一种叫做五笔字型的输入法，他的历史意义在于，冲破了国内汉字形码快速输入必须借助大键盘的思想束缚，首创26键标准键盘形码输入方案，这个意义比五笔字型本身的意义要深远得多，它开创了汉字输入能像西文一样方便输入的新纪元。很难想象今天我们使用的PC都配上一个汉字大键盘是个什么怪样子，但是在王永民之前，主流的汉字编码思想就是要专为汉字输入设计大键盘。甚至到了1983年3月5日，王永民的26键五笔字型方案已经做出来了，国内还有专家坚持一定要为汉字专门做键盘，而王永民的26键方案却被讥讽为削足适履，画地为牢——汉字这么多，为什么要用、怎么能用26键来处理？

王永民是先知先觉者，他在中国生产出第一台PC之前，就在汉字终端上实现了汉字26键输入，宣判了PC汉字大键盘输入的死刑，避免了中国PC的畸形发展。

只有了解王永民怎样从188键一步一步走到26键的艰难历程，才能理解王永民的意义。

王永民发明五笔字型输入法是无心栽花。他一开始只是想找一个现成的输入方案，用这个输入方案做一个键盘来解决汉字照相排版的校对问题。

1994年后王永民又陆续发明"95王码"、"阅读声译器"等五项开创性专利技术。1995年8月王永民赴美学习，在海关检查时他递上护照，海关工作人员看了他的护照后从座位上跳起来，立正并给他敬了个礼。王永民吓了一跳，以为自己的签证出了什么问题，海关人员毕恭毕敬地说："王老师，我们正在学习您的五笔字型。"1997年5月王永民回国，于1998年2月"十年磨一键"，发明了我国第一个符合语言文字规范，能同时处理中、日、韩三国文字，被专家评价为"具有世界领先水平"的"98规范王码"，并通过鉴定。同时他还推出了世界上第一个汉字键盘输入的"全面解决方案"及其系列软件，成为我国汉字输入技术发展应用的里程碑。

王永民教授从1996年起研究用数字键输入汉字的方法，首创"首部余部取码法"，于2000年8月实施完成了"五笔数码"汉字输入专利技术，开发了"王码6键"和"王码9键"两套成品软件。

第五节　常用五笔字型输入法

一、小鸭五笔输入法

1．小鸭五笔输入法简介

小鸭五笔输入法是以五笔为主的中文输入法软件，并提供了拼音辅助输入功能。支持 GB18030 标准，可输入 GBK 字符集 21 004 字及 CJK-A 扩充区 6582 字。如需录入 CJK-A 扩充区汉字，需安装 GB18030 支持包(下载地址为 http://www.microsoft.com/china/windows2000/ downloads/18030.mspx)，否则无法输入 CJK、CJK-A、CJK-B(共 70 297 字)扩充区汉字。例如，要输入"奓"这个字，就必须安装 GB18030 支持包，否则将不能输入此字。

2．小鸭五笔输入法特色功能

(1) 支持 GB18030 标准。

(2) 为初学五笔者提供突出显示简码字的功能。

(3) 支持打简出繁，支持简/繁体非对称转换。

(4) 支持拼音、五笔编码双向反查。

(5) 支持在线造词、删词。

(6) 支持手动、自动调频。

(7) 提供方便的修改、替换词库的方法。

(8) 支持定制常用字表、减少录入时重码率，以提高录入效率。

(9) 提供多种重码排序方案，允许动态切换；支持三重二级简码(可定制)；支持多用户环境，配置文件与 Windows 登录用户同步切换，以保存多用户环境中个人的使用习惯。

(10) 提供多套不同风格的配色方案。

3．小鸭五笔输入法状态栏简介

状态栏允许全屏拖动，可以拖放到任意自己喜欢的位置上(拖动完成后，它会记住这个位置，再次启动时仍会使用这个设置)，而且小鸭五笔提供了多种配色方案供选择。

二、QQ 五笔输入法

1．QQ 五笔输入法简介

QQ 五笔输入法(简称 QQ 五笔)是腾讯公司继 QQ 拼音输入法之后推出的一款界面清爽、功能强大的五笔输入法软件。QQ 五笔输入法融合 QQ 拼音输入法的优点和经验，结合五笔输入的特点，专注于易用性、稳定性和兼容性，实现各种输入风格的切换，同时引入分类词库、网络同步、皮肤等个性化功能。由于 QQ 五笔输入法识别率很好，使用极其方便，同时很多办公用户都喜欢在工作时使用五笔输入法来进行打字，从而使得 QQ 五笔输入法成为很多办公用户喜欢的五笔输入法之一。

2．QQ 五笔输入法特色功能

(1) 兼容性高且稳定。

(2) 支持五笔拼音混合输入。

(3) 以便捷方式输入符号。

(4) 用户在使用 QQ 五笔输入法时可登录自己的 QQ 账号并进行绑定，可将个人的配置和词库上传到 QQ 五笔服务器，也可以方便地将个人配置与词库下载到本地。用户在不同的电脑中用 QQ 五笔输入法时，只要连上网并登录自己的 QQ 账号，就可以从服务器中将自己的词库和配置下载到本地，这样就可以方便地使用自己熟悉的词库和配置。

(5) 自带截图工具。

(6) 占用系统资源小，输入速度快，输入更顺畅。

第六节　五笔字型辅助教学软件 Ccit3000

五笔打字专家 Ccit3000 由大理财校郑大公老师开发，是 Windows 操作系统环境下的英文指法、五笔字型输入法学习软件。它的训练效率高，集成英文指法、五笔字型字根速记练习以及整套五笔字型训练方案。五笔字型输入法的学习者可以从最基本的标准英文指法开始学习，直到学会五笔字型输入法并训练成五笔高手。该软件集成较强的文字录入速度测试功能，可避免被测试者作弊，并可作为文字录入速度鉴定的测试软件。下面将详细地介绍 Ccit3000 的使用。

一、五笔打字专家 Ccit3000 概述

1．五笔打字专家 Ccit3000 的安装步骤

五笔打字专家 Ccit3000 在所有安装 Windows 操作系统的计算机上均可进行安装使用，并且安装操作简单，用户只需按照以下操作步骤进行安装即可。

(1) 首先运行 Ccit3000 的安装程序 CcitSetup8.03.exe，之后就会出现如图 4-6 所示的"安装程序"对话框。

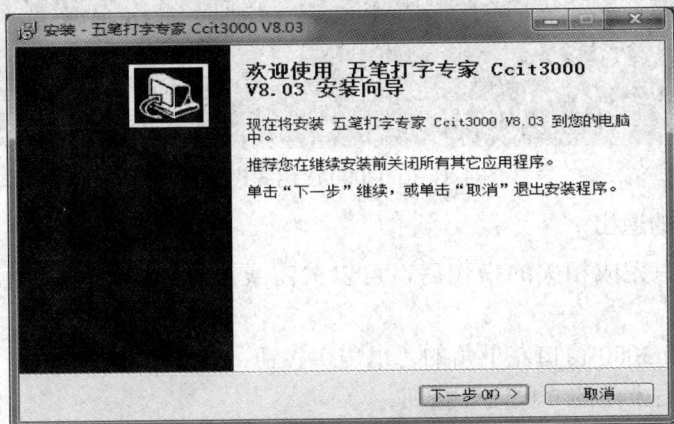

图 4-6　Ccit3000 "安装程序"对话框

(2) 按照对话框的提示进行安装。

(3) 安装结束后，系统会自动地在桌面、程序组上建立 Ccit3000 的快捷图标。如图 4-7 所示。

图 4-7　Ccit3000 快捷图标

2．Ccit3000 的启动

启动 Ccit3000 的方法一般有如下两种：

(1) 在"开始"菜单中选择"程序"→"五笔打字专家 Ccit3000"→" Ccit3000" 选项。

(2) 在桌面上快速双击 Ccit3000 的快捷图标(如图 4-7 所示)，启动 Ccit3000 后，屏幕上显示 Ccit3000 的应用程序窗口，如图 4-8 所示。

图 4-8　Ccit3000 应用程序窗口

3．Ccit3000 的退出

在 Ccit3000 中完成相关的操作后，可以关闭或退出 Ccit3000。退出 Ccit3000 的方法如下：

(1) 单击在 Ccit3000 窗口左下角的"退出"按钮；

(2) 单击窗口右上角的"关闭"按钮；

(3) 按 Alt + F4 键也可关闭 Ccit3000 的窗口。

二、五笔打字专家 Ccit3000 的用户界面与操作

1."英文指法"操作项

"英文指法"操作项包括"初学者"、"中级"、"高级"、"数字小键盘"、"背单词"、"每日一句"、"英语 900 句"等。练习者若要进行"英文指法"的训练,只需在 Ccit3000 的主界面中将鼠标指向并单击"英文指法"按钮,然后在弹出的七个子菜单项"初学者"、"中级"、"高级"、"数字小键盘"、"背单词"、"每日一句"及"英语 900 句"中选择相应的菜单项(此七个操作选项由易到难,建议练习者根据自身具体情况进行选择),将鼠标指向并单击此相应的菜单项即可。具体操作如图 4-9 及图 4-10 所示。

图 4-9 "英文指法"的子菜单

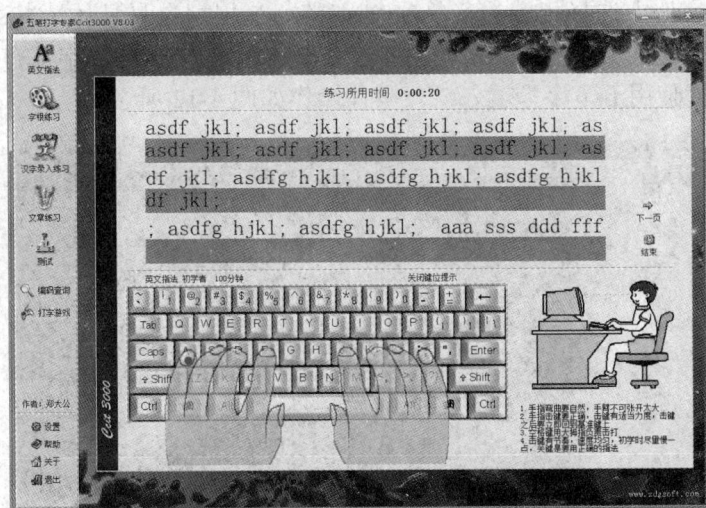

图 4-10 进入"初学者"练习状态图

2."字根练习"操作项

"字根练习"操作项没有包含子选项,其功能是帮助那些五笔字型编码输入法的初

学者能在短时间内完成字根的记忆工作。要进入"字根练习"状态只需在 Ccit3000 的主界面中将鼠标指向并单击"字根练习"按钮即可，进入"字根练习"状态后窗口如图 4-11 所示。

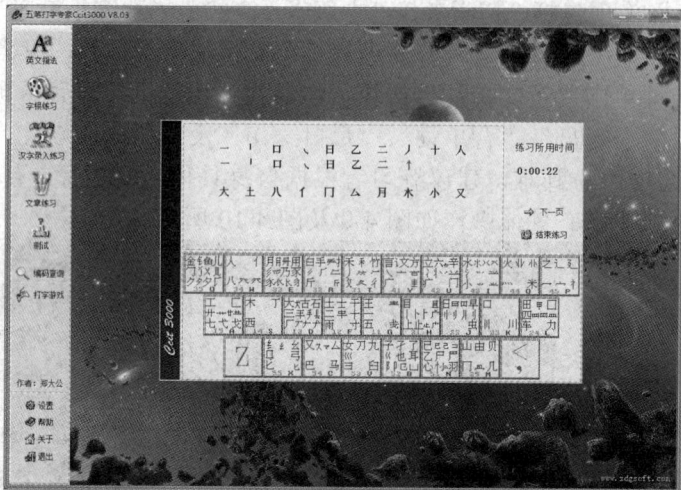

图 4-11　　"字根练习"练习状态

3．"汉字录入练习"操作项

"汉字录入练习"操作项包括"高频字"、"二级简码"、"二字词组"、"三字词组"、"四字词组"、"末笔识别码"、"字根字难拆字"等。练习者若要进行"汉字录入练习"的训练，只需在 Ccit3000 的主界面中将鼠标指向并单击"汉字录入练习"按钮，然后在弹出的七个子菜单项"高频字"、"二级简码"、"二字词组"、"三字词组"、"四字词组"、"末笔识别码"及"字根字难拆字"中选择相应的菜单项(建议练习者根据自身具体情况进行选择)，将鼠标指向并单击相应的菜单项即可。练习时每个 GB2312—1980 的汉字都有拆分图示，利于初学者学习和掌握使用五笔字型输入法。具体操作如图 4-12 所示。

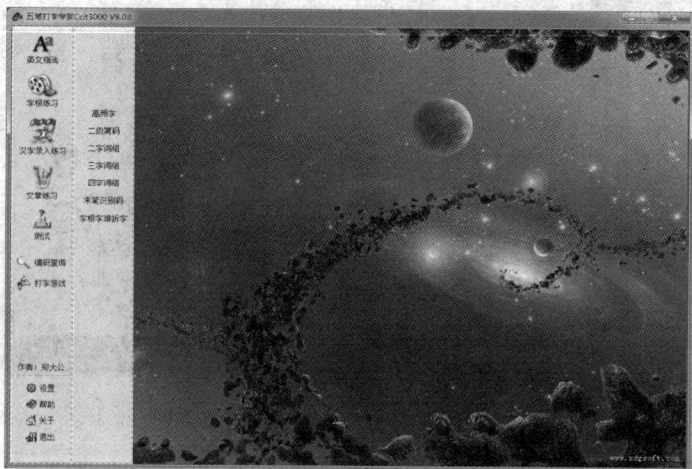

图 4-12　　"汉字录入练习"项操作

4. "文章练习"操作项

"文章练习"项的操作与前面的"英文指法"、"字根练习"及"汉字录入练习"项的操作方法相同，故不再进行详细讲述。

5. "测试"操作项

"测试"操作项不包含任何子项，它可以完成文字录入速度测试功能，可避免测试者作弊，可作为文字录入速度鉴定依据。用户要进行汉字录入速度的测试工作时，只需在 Ccit3000 的主界面中将鼠标指向"测试"按钮并单击鼠标的左键，即可进入测试状态。将鼠标指向"测试"按钮并单击鼠标的左键后，在 Ccit3000 的窗口中就会弹出如图 4-13 所示的"请认真阅读"对话框。

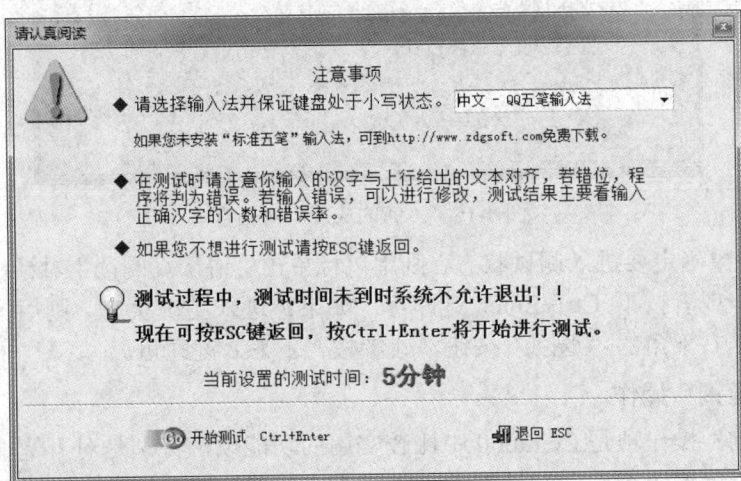

图 4-13 "请认真阅读"对话框

用户在进入测试之前，一定要认真地看一下"请认真阅读"对话框的内容，特别是以下几个项目：

(1) 选择输入法并保证键盘处于小写状态，这一点非常关键。首先，如果键盘没有处于小写状态，那么不管用什么样的汉字输入法，都无法输入汉字，键盘的大小写转换键为 Caps Lock 键。其次，如果用户选错了输入法，那么肯定会影响到自己的汉字录入速度。确定输入法的具体操作步骤是用鼠标单击位于"请认真阅读"对话框中第一个注意事项最后的列表框的按钮，在弹出的下拉列表框中，通过移动鼠标选择相应的输入法，将鼠标指向需要的输入法并单击鼠标的左键，这样就完成了输入法的确定工作。具体操作如图 4-14 所示。

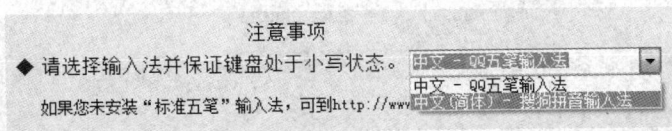

图 4-14 确定输入法

(2) 看清楚进入测试状态后，录入汉字的要求：首先，在测试时请注意输入的汉字与上行给出的文本对齐，若错位，则程序将会认为输入错误；其次，如果输入错误，可以进行修改；最后，要注意在测试结果中，主要看用户输入的正确汉字的个数以及错误率。

(3) 在进入测试状态以后，也就是在测试过程中，不允许用户在测试时间(测试时间可在"设置"项中进行设置)结束前退出本状态；在测试时间结束后，系统会自动退出测试状态，此时用户也无法再继续录入汉字，同时屏幕上会弹出一个测试结束对话框，如图 4-15 所示。这个对话框主要反映用户在设定的测试时间段内所录入的正确汉字的个数、速度(其单位为个/分)以及错误率。(图中对话框对应的测试时间为系统默认时间 5 分钟。)

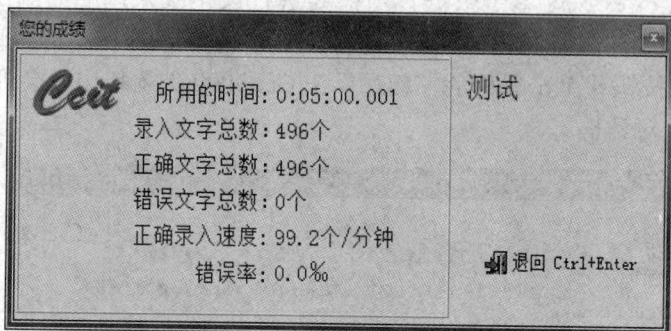

图 4-15 "您的成绩"对话框

(4) 用户如果确定要进入测试状态，则用鼠标单击"请认真阅读"对话框左下角的"开始测试"按钮，或者按下 Ctrl+Enter 键即可；如果不进入测试状态，则用鼠标单击"请认真阅读"对话框右下角的"退回"按钮，或者按一下 Esc 键即可。

6. "编码查询"操作

"编码查询"操作项是 Ccit3000 中比较实用的功能项，特别是对五笔输入法初学者，用户可以在"五笔编码查询"对话框中将需要查询其五笔编码的汉字采用复制、粘贴的方式或用其他输入法输入，然后按回车或鼠标单击"查找 F1"按钮，在对话框中将会显示所查询字的字型结构分解图、五笔字型简码及其全码。用户需进行汉字的五笔编码查询时，只需在 Ccit3000 的主界面中将鼠标指向"编码查询"按钮并单击鼠标的左键，在 Ccit3000 的窗口中就会弹出如图 4-16 所示的"五笔编码查询"对话框(图中以查询"凹"字为例)。

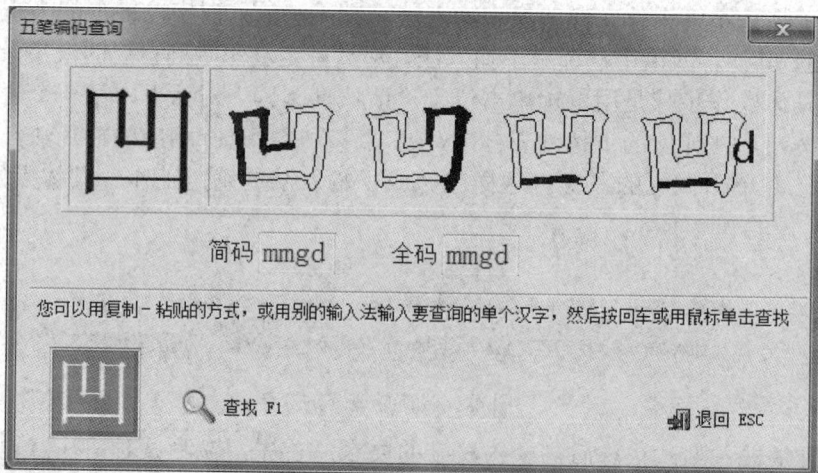

图 4-16 "五笔编码查询"对话框

7.“打字游戏”操作项

“打字游戏”操作项主要解决用户在练习英文指法过程中比较枯燥的问题,“打字游戏”可以使用户在游戏中轻松地练习并提高自己的指法。

8.“设置”操作项

“设置”操作项在使用 Ccit3000 的过程中非常重要,它主要进行如下设置工作:“基本设置”、“快捷方式”、“输入法”、“更改练习、测试文本”、“背景”及“游戏”。进行设置工作的具体方法为:在 Ccit3000 的主界面中用鼠标指向并单击“设置”按钮,在屏幕上会弹出如图 4-17 所示的“设置”对话框。

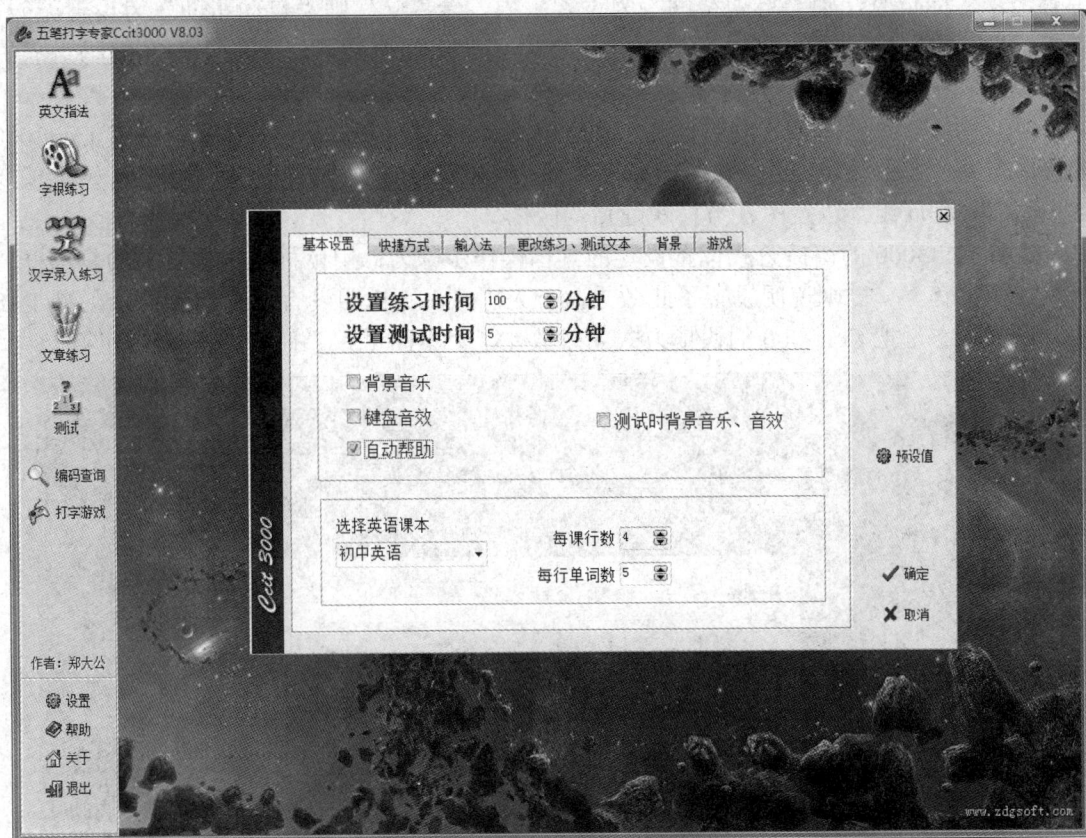

图 4-17 “设置”对话框

下面对各项设置工作进行具体的介绍。

(1)“基本设置”选项卡包含的内容可以在图 4-17 中看到,在其中可以进行以下设置工作:

① “设置练习时间”及“设置测试时间”两项设置的具体设置方法相同,具体操作为:可以从键盘上直接在文本框中输入数字,或者用鼠标单击文本框后的增值按钮或减值按钮。在图 4-17 中练习时间设置为 100 分钟,而测试时间设置为 5 分钟。

② “键盘音效”、“背景音乐”、“自动帮助”及“测试时背景音乐、音效”此四项的设置方法相同。具体地,用鼠标单击项目前的复选框,若复选框中有“√”则说明设置了此效果,若无“√”则说明没有设置此效果。在图 4-17 中设置了“自动帮助”效果。

③ "选择英语课本"、"每课行数"及"每行单词数"的设置:"选择英语课本"的设置方法为用鼠标单击位于"选择英语课本"项后列表框的按钮,在弹出的下拉列表框中,通过移动鼠标,将鼠标指向需要的英语课本并单击鼠标左键,这样就完成了英语课本的设置工作;"每课行数"及"每行单词数"的设置方法与"设置练习时间"及"设置测试时间"的方法相同。

④ "自动帮助"项设置生效时,用户在使用 Ccit3000 进行"字根练习"、"汉字录入练习"和"文章练习"时,会有所输入汉字的字根及编码组成的帮助提示出现。用户可根据个人需要进行相应设置,用鼠标单击选中"自动帮助"项前的复选框,即复选框中有"√"标记时,则"自动帮助"为设置生效,无"√"则"自动帮助"为设置无效。在练习时,如果自动帮助无效,则按下 F1 键时仍会出现所输入汉字的字根及编码组成的帮助提示。

(2) "快捷方式"选项卡包含的内容可以在图 4-18 中看到,其功能主要是进行 Ccit3000 的快捷方式位置的设定工作。从图中可以看出,Ccit3000 的快捷方式可以放在"开始菜单"、"桌面"、"程序组"以及"任务栏快速启动区"。

进行 Ccit3000 的快捷方式位置设定的具体操作步骤为:用鼠标单击项目前的复选框,当复选框中有"√"则说明设置了此效果,若无"√"则说明没有设置此效果。在图 4-18 中的设置状态是把 Ccit3000 的快捷方式同时放在了"桌面"和"任务栏快速启动区"。

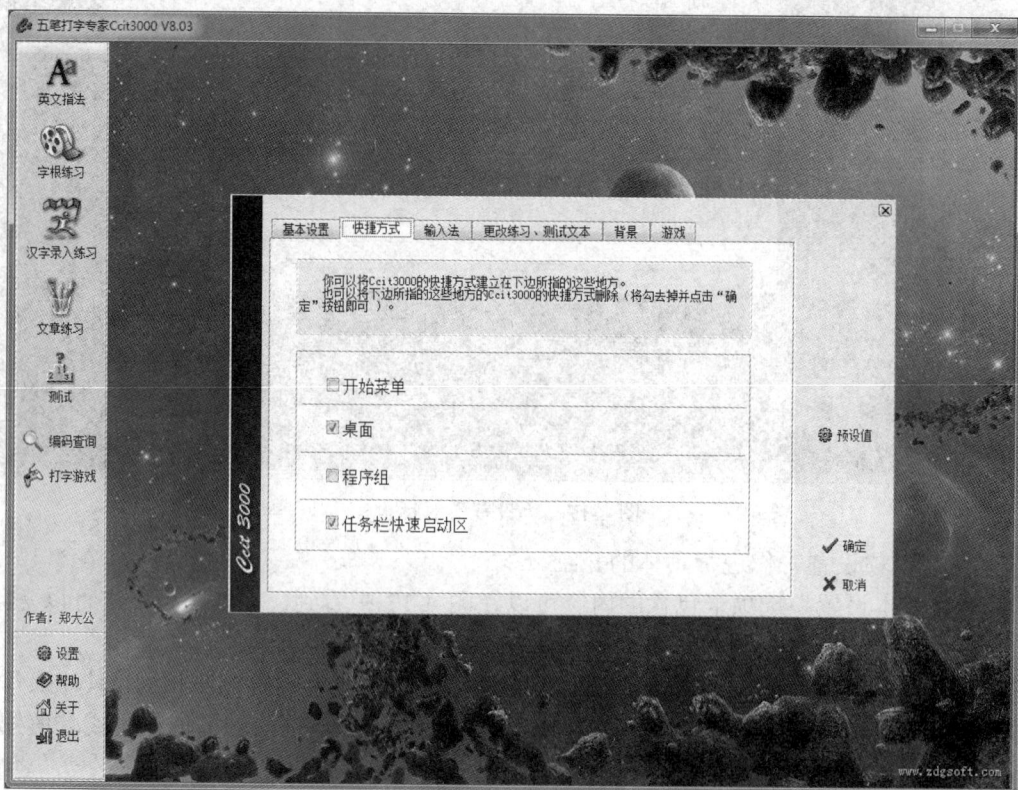

图 4-18 "快捷方式"选项卡

(3) "输入法"选项卡包含的内容可以在图 4-19 中看到,其功能主要是对在 Ccit3000

环境下进行汉字录入工作时，系统为用户提供的默认中文输入法进行设置。从图 4-19 中可以看出，在此选项卡中可以设置默认中文输入法以及安装标准五笔输入法。

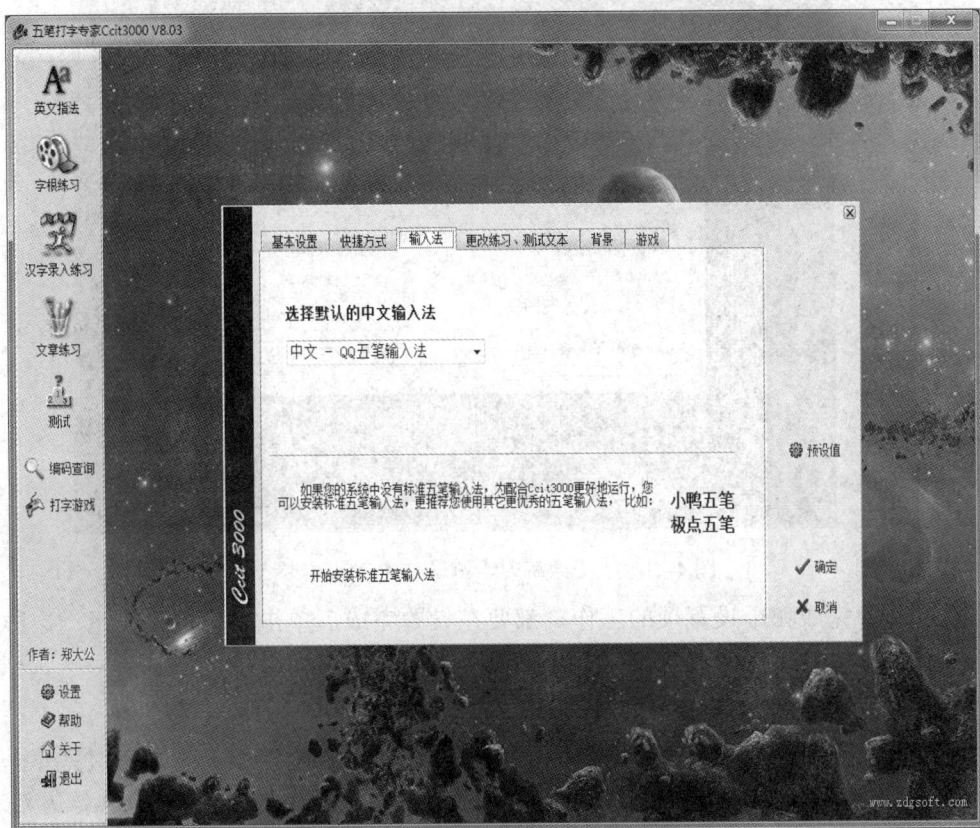

图 4-19 "输入法"选项卡

进行"选择默认的中文输入法"项的设置时，是用鼠标单击位于对话框中第一个选项的"选择默认的中文输入法"下面的列表框后的按钮，在弹出的下拉列表框中，通过移动鼠标选择相应的输入法，将鼠标指向需要的输入法并单击鼠标左键，这样就完成了默认中文输入法的设置操作，如图 4-20 所示。

图 4-20 "选择默认的中文输入法"项的设置

（4）"更改练习、测试文本"选项卡的功能就是修改练习以及测试所用的文本，在输入"管理员"默认口令 system 后可进行此项设置操作，对于此项操作不再进行详细介绍。"更改练习、测试文本"选项卡如图 4-21 所示。

（5）"背景"选项卡主要用于设置 Ccit3000 练习时的背景画面。

（6）"游戏"选项卡用于设置 Ccit3000"打字游戏"的键盘音效、背景音乐及其速度。

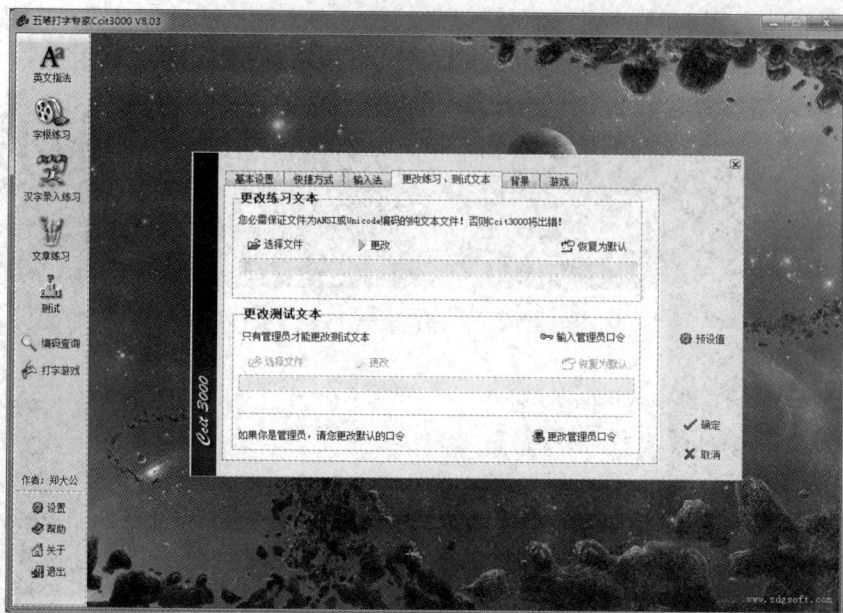

图 4-21　"更改练习、测试文本"选项卡

注意：不管完成哪个设置项的工作，都要在设置完成后单击"确定"按钮，这样所做的设置才有效。

9. "帮助"操作项

"帮助"操作项的功能是，给用户提供一些与 Ccit3000 软件相关的知识，另外提供了一些英文指法以及五笔字型输入法方面的知识。查看"帮助"项内容的具体方法是在 Ccit3000 的主界面中用鼠标指向并单击"帮助"按钮即可。此时，在屏幕上会弹出如图 4-22 所示的"帮助"窗口。

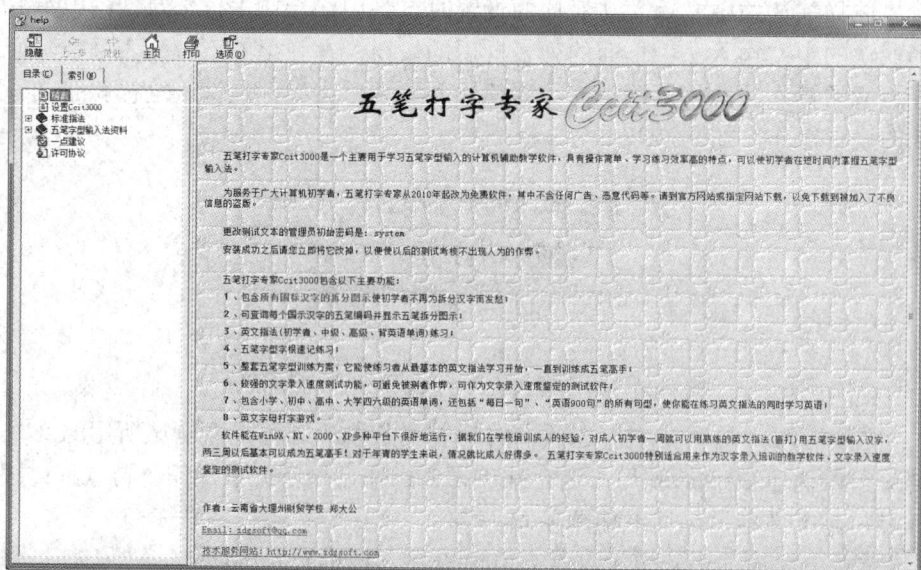

图 4-22　"帮助"窗口

10. "关于"操作项

"关于"操作项给用户提供一些与 Ccit3000 相关的信息。查看"关于"项内容的具体方法为在 Ccit3000 的主界面中用鼠标指向并单击"关于"按钮即可。

三、五笔打字专家 Ccit3000 在汉字录入教学中的应用

每一年新生入学，了解到的情况是大多数学生在汉字录入时使用的都是拼音输入法，而且录入速度偏低，只有一小部分学生速度稍快，能够采用标准指法和正确坐姿的学生基本没有。由此可见，对学生进行标准英文指法和汉字录入的训练尤为重要。根据多年教学经验，利用辅助教学软件 Ccit3000 进行分阶段训练，可达到较佳的教学效果，具体安排如下：

1. 强化标准英文指法练习

汉字录入的前提和关键就是要练好标准指法，而练好标准指法首先要有正确的指法，掌握好标准指法的要领和正确姿势，熟练掌握各个手指的分工；其次，在掌握好标准指法的前提下不断进行强化训练，以达到击键快、稳、准，提高击键的准确性和频率。

在讲解计算机键盘的组成和标准指法理论知识的基础上，利用 Ccit3000 中的"英文指法"项对学生进行一段时间的英文指法专项训练。在指法训练过程中，纠正学生敲击键盘的随意性，要求学生使用标准指法，并在练习过程中随时提醒学生保持正确坐姿。强调实现盲打，这一点非常重要，这是将来提高学生汉字输入速度的关键。

(1) 使用 Ccit3000 的 "英文指法"中的"初学者"反复练习 8 个基准键位的输入，以此加强学生对基准键位的位置及指法的记忆，使学生手指在击键时具有一定的灵活性。

(2) 在学生基本熟练掌握基准键位指法的基础上，使用 Ccit3000 的 "英文指法"中的"初学者"反复对学生进行 26 个英文字母的综合击键练习，让学生熟练掌握键位分配，使得击键时手指更加灵活。

(3) 在学生基本掌握手指在键盘 26 个字母键上的击打规律后，继续使用 Ccit3000 的"英文指法"中的"初学者"反复强化学生进行 26 个英文字母键的击键练习，让学生全面熟练地掌握键位分配情况，尽量能够正确地快速击键和盲打。

(4) 在学生能够盲打后，利用 Ccit3000 的 "英文指法"中的"初学者"、"中级"和"高级"项对学生进行有目的性的专项训练，以此提高学生的击键速度，让学生具有一定的英文字母录入速度，这将为以后的汉字录入学习打下坚实的基础。

(5) 在训练过程中可以利用 Ccit3000 中的"打字游戏"让学生分时段分组进行比赛，在每次比赛结束后统计并公布所有学生成绩，以此激发学习兴趣，树立认真进行指法训练的信心。

2. 强化汉字录入训练

在学生的英文录入速度达每分钟 100 个字母或以上后，开始进行各种汉字录入方法的讲授，让学生掌握汉字录入方法的精髓。为达到减少击键次数，减少重码率的目的，建议在汉字录入方法教学中重点讲授五笔字型输入法，而对于拼音输入法则只需讲授各种输入技巧即可。在教授五笔字型输入法的过程中要充分利用好五笔打字专家 Ccit3000 对学生进行循序渐进的强化练习，让学生在最短的时间内掌握五笔字型输入法。

(1) 在学生掌握五笔字根在计算机键盘上的分布规律，并且熟记所有五笔字根之后，利用五笔打字专家 Ccit3000 中的"字根练习"项对学生进行五笔字型字根的专项指法训练(建立在学生的英文标准指法达到盲打的基础上)，最终让学生熟练地敲击分布在计算机键盘上的所有五笔字根。

(2) 在学生记住所有五笔字根后，开始讲授五笔字型输入法规则，并在讲授过程中结合教学内容利用五笔打字专家 Ccit3000 的"汉字录入练习"中的"高频字"、"二级简码"、"二字词组"、"三字词组"、"四字词组"、"末笔识别码"和"字根字难拆字"进行专项训练，以此巩固教学效果。

(3) 在学生基本掌握五笔字型输入法后，使用五笔打字专家 Ccit3000 的"文章练习"中的"随机练习"和"按顺序练习"项对学生进行强化训练，以此提高学生对五笔字型输入法的熟练程度。

(4) 对学生进行五笔字型输入法强化训练过程中可利用五笔打字专家 Ccit3000 的"测试"功能项经常对学生进行汉字录入速度的测试，以便更好地了解学生学习和练习的情况，并且记录好每位学生每次测试的成绩，以便及时地对学生进行分析指导，对有进步的学生进行鼓励，对退步的学生进行帮助指导，尽力让每位学生的汉字录入速度都能在原有基础上有所提高。

习　题

1. 字根练习 20 次，每次 10 分钟。
2. 高频字练习 10 次，每次 20 分钟。
3. 二级简码练习 10 次，每次 30 分钟。
4. 二字词组练习 20 次，每次 30 分钟。
5. 三字词组练习 20 次，每次 30 分钟。
6. 四字词组练习 20 次，每次 30 分钟。
7. 末笔交叉识别码练习 30 次，每次 30 分钟。
8. 字根字难拆字练习 30 次，每次 30 分钟。
9. 随机文章练习 10 课时。

第五章　网络应用基础

本章主要介绍计算机网络基础知识、家用路由器的应用以及一些工作生活中常用的网络工具软件。

第一节　网络基础知识

一、概述

1. 计算机网络

所谓计算机网络，是指利用通信设备(如路由器、交换机)和线路(如双绞线、光纤、同轴电缆)将地理位置不同、功能独立的多个计算机系统互连起来，通过使用功能完善的网络软件(即网络通信协议、信息交换方式及网络操作系统等)实现网络中资源共享和信息传递的系统，如图 5-1 所示。它的主要功能表现在两个方面：一是实现资源共享(包括硬件资源和软件资源的共享)；二是在用户之间实现信息交换。

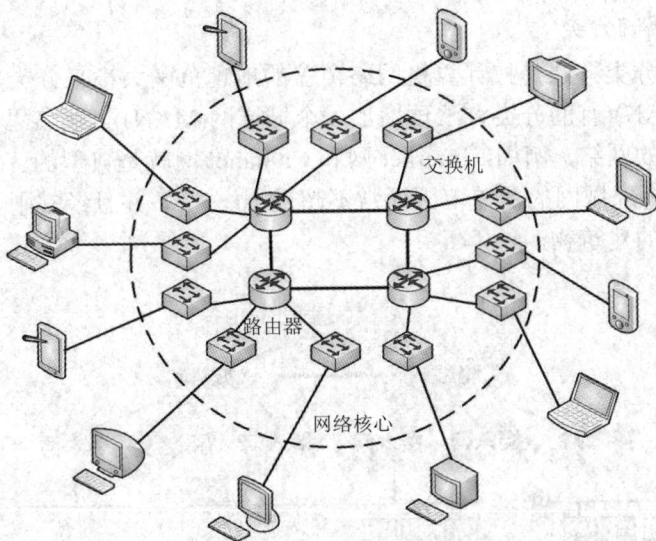

图 5-1　计算机网络

计算机网络不仅使分散在网络中各处的计算机能共享资源，而且为用户提供了强有力的通信手段，从而极大地方便了用户。

2．计算机网络的组成

计算机网络通常由通信子网、资源子网和通信协议三个部分组成，如图 5-2 所示。通信子网是计算机网络中负责数据通信的部分；资源子网是计算机网络中面向用户的部分，负责全网络面向应用的数据处理工作；而通信双方必须共同遵守的规则和约定称为通信协议，它的存在与否是计算机网络与一般计算机互连系统的根本区别。从这一点上来说，我们就应该明白计算机网络为什么是通信技术和计算机技术发展的产物了。

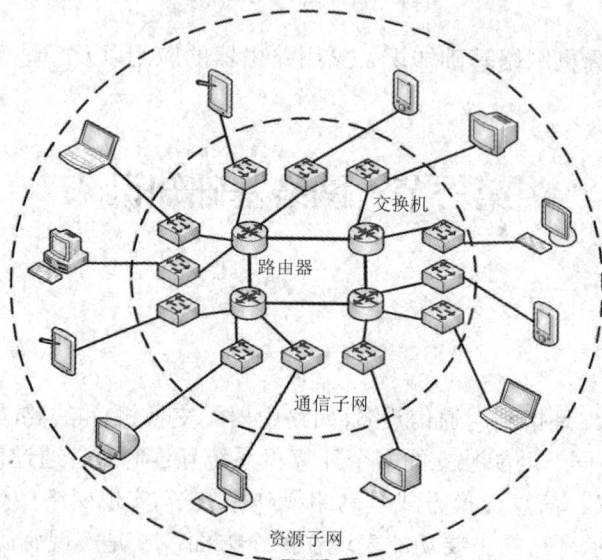

图 5-2　计算机网络组成

3．计算机网络的分类

现在最常见的分类方法是按计算机网络覆盖的地理范围大小来分类，一般分为广域网(WAN)和局域网(LAN)(有的分类方法再增加一个城域网(MAN))。顾名思义，广域网就是地理上覆盖范围较大的网络，例如：Internet 网和 Chinanet 网就是典型的广域网，覆盖范围达到数千公里。而一个局域网的覆盖范围通常不超过 10 公里，并且经常限于一个单一的建筑物或一组相距很近的建筑物。

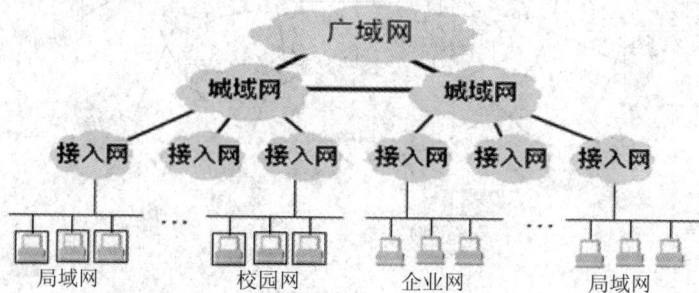

图 5-3　计算机网络的分类

4．计算机网络的体系结构

在计算机网络中，网络的体系结构指的是通信系统的整体设计，它的目的是为网络硬件、软件、协议、存取控制和拓扑结构提供标准。现在广泛采用的是开放系统互连 OSI(Open System Interconnection)的七层参考模型，它是用物理层、数据链路层、网络层、传送层、对话层、表示层和应用层七个层次来描述网络的结构。我们应该注意到的是，网络体系结构的优劣将直接影响总线、接口和网络的性能，而网络体系结构的核心要素就是拓扑和协议。依据拓扑和协议的不同，网络分成 FDDI、以太网、快速以太网和令牌环网。在日常生活中，我们接触到的网络多数是快速以太网。

1) FDDI(光纤分布式数据接口网络)

如图 5-4 所示，在 FDDI 网络中，内外环的数据流方向(图中箭头指明数据流方向)相反，通常使用外层环传输数据，只有在节点失效后，相邻节点使用相反路径形成闭环时，才使用内层环。

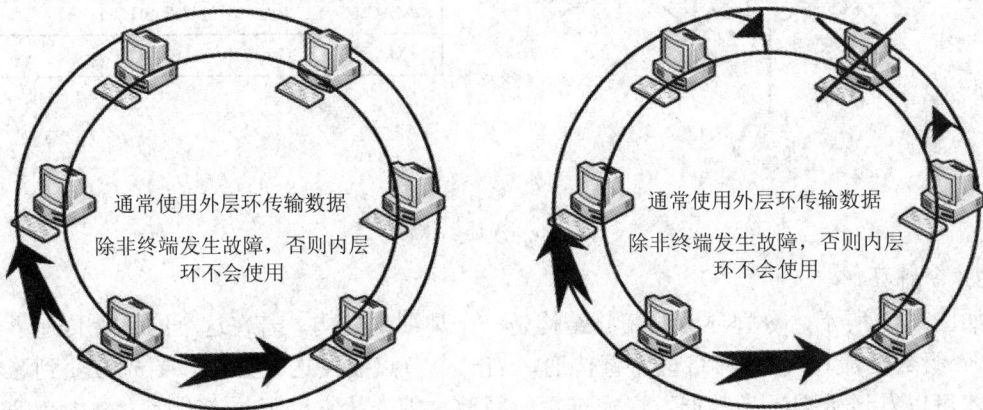

图 5-4　光纤分布式数据接口网络

2) 典型以太网

如图 5-5 所示，由集线器连接计算机形成的以太网是典型以太网。从本质上来说，是一种共享式以太网，当其中一个终端要传输数据给另一个终端时，会向其他所有终端发送数据。无论是否是接收端都会收到发送端发送的数据，这样就会导致冲突严重，广播泛滥。

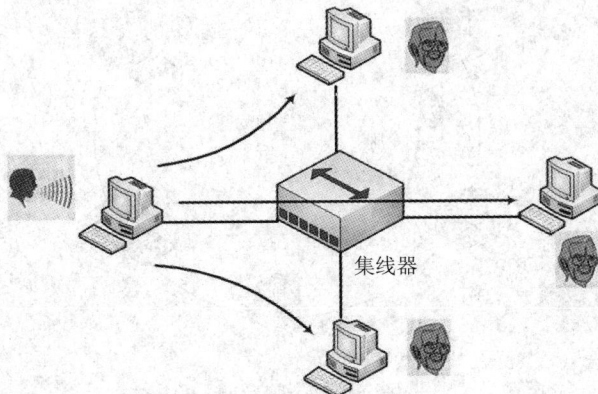

图 5-5　典型以太网

3) 快速以太网

快速以太网大都由交换机连接计算机构成，如图 5-6 所示。如果发送端的数据包在交换表中查找到接收端的 MAC 地址，则不需发送广播包，直接发送数据到相应的端口即可。只有当发送端的数据包在交换表中找不到接收端的 MAC 地址时，才需要发送广播包来更新交换表。这样不必发送大量的广播包，减少了冲突，相较典型以太网，提高了数据传输速率，故称之为快速以太网。

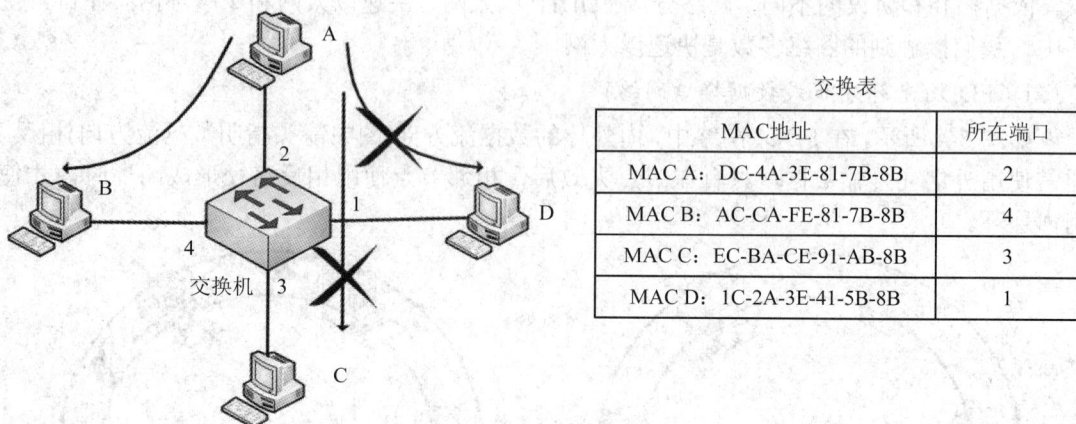

交换表	
MAC地址	所在端口
MAC A: DC-4A-3E-81-7B-8B	2
MAC B: AC-CA-FE-81-7B-8B	4
MAC C: EC-BA-CE-91-AB-8B	3
MAC D: 1C-2A-3E-41-5B-8B	1

图 5-6 快速以太网

4) 令牌环网

如图 5-7 所示，令牌环网的拓扑结构是一个环型的结构，若在这个网络上传递了一个令牌(一组数据流)，它在网络里一直传递，当一个节点要发送数据时，要先截获到这个令牌，才可以发送数据。当数据发送完毕后，释放令牌，让它继续传递。因为是由令牌的所属权决定发送端的数据发送权，不会存在冲突问题，所以令牌传递方式比以太网通信方式更有序，也不需要发送大量广播数据包(典型以太网)或更新交换表(快速以太网)，所在它比以太网更适用于经常传输大数据文件的网络情况。

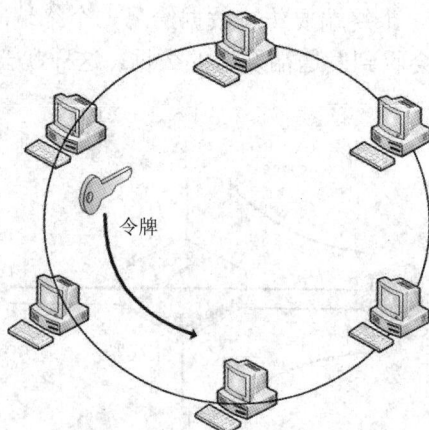

令牌

图 5-7 令牌环网

需要指出的是，在实际的技术开发过程中，ISO 制定的七层参考模型过于庞大、复杂且不容易实现，而先前开发出并已经使用的四层参考模型，(应用层、传输层、网络和数据链路层)则得到了广泛的应用，两者的对比如图 5-8 所示。

OSI 七层网络模型	OSI 四层网络模型
应用层(Application)	应用层
表示层(Presentation)	
会话层(Session)	
传输层(Transport)	传输层
网络层(Network)	网络层
数据链路层(Data Link)	网络接口层
物理层(Physical)	

图 5-8　OSI 参考模型对比

二、网卡物理地址(MAC)

1. 网卡物理地址(MAC)

网卡的物理地址通常是由网卡生产厂家固化写入网卡 EPROM(一种闪存芯片，通常可以通过程序擦写)的一组数据，这组数据在全世界范围内唯一地标识了发送端和接收端的地址。

也就是说，在数据链路层的数据传输过程中，是通过物理地址来识别主机的，它是全球唯一的。比如，常用的以太网网卡，其物理地址是 48 bit(比特位)的二进制整数，一般为了书写方便，记为 12 位的十六进制整数，如：44-C5-53-A4-FF-E0，以机器可读的方式存入电脑网卡 EPROM。以太网地址管理机构(IEEE)将以太网地址，也就是 48 比特的不同组合，分为若干独立的连续地址组，生产以太网网卡的厂家就购买其中一组(如图 5-9 所示，为部分网卡生产厂家购买以太网地址组的情况)，具体生产时，厂家将购买的地址逐个固化写入到以太网网卡中。

```
                        MAC地址厂商分配表
      Index  MAC Address          Vendor-Name
      1      00-00-0C-**-**-**     Cisco Systems Inc
      2      00-00-0E-**-**-**     Fujitsu
      3      00-00-75-**-**-**     Nortel Networks
      4      00-00-95-**-**-**     Sony Corp
      5      00-00-F0-**-**-**     Samsung Electronics
      6      00-01-02-**-**-**     3Com
      7      00-01-03-**-**-**     3Com
      8      00-01-30-**-**-**     Extreme Networks
      9      00-01-42-**-**-**     Cisco Systems Inc
      10     00-01-43-**-**-**     Cisco Systems Inc
      11     00-01-4A-**-**-**     Sony Corp
      12     00-01-63-**-**-**     Cisco Systems Inc
      13     00-01-64-**-**-**     Cisco Systems Inc
      14     00-01-81-**-**-**     Nortel Networks
      15     00-01-96-**-**-**     Cisco Systems Inc
      16     00-01-97-**-**-**     Cisco Systems Inc
      17     00-01-C7-**-**-**     Cisco Systems Inc
      18     00-01-C9-**-**-**     Cisco Systems Inc
      19     00-01-E6-**-**-**     Hewlett Packard
      20     00-01-E7-**-**-**     Hewlett Packard
```

图 5-9　网卡物理地址分配表节选

2．获取计算机的 MAC

在 Windows 2000/XP/7 中，依次单击"开始→运行"→输入"CMD"→回车→输入 "ipconfig/all"→回车。即可看到 MAC 地址，如图 5-10 所示。

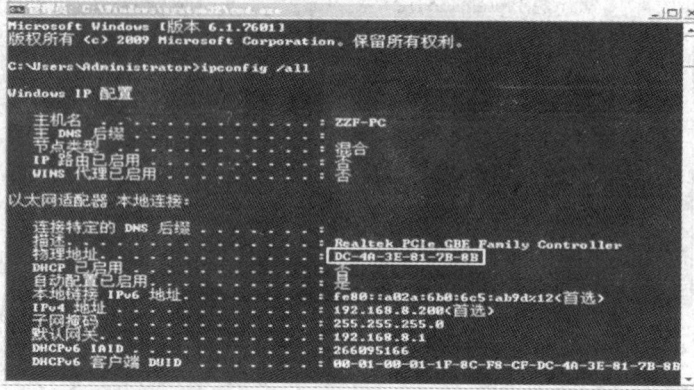

图 5-10　"ipconfig /all"命令

3．MAC 在交换机中的使用

交换机主要有软件执行交换结构、矩阵交换结构、总线交换结构和共享存储器交换结构四种，这里以总线交换结构为例。在总线交换结构的交换机中拥有一条很高带宽的背部总线。计算机的网卡通过线路连接到交换机的端口上，交换机的所有的端口都挂接到这条背部总线上，控制电路收到发送端数据包后，会查找交换表，以确定接收端网卡挂接在哪个端口上，并迅速将数据包传送到目的端口。若在交换表中，找不到接收端网卡物理地址，则发送广播数据包广播到所有的端口，若接收端口回应，交换机会根据回应信息"学习"新的 MAC 地址，并把它添加入 MAC 地址表中；若没有端口回应，则丢弃该数据包，如图 5-11 所示。

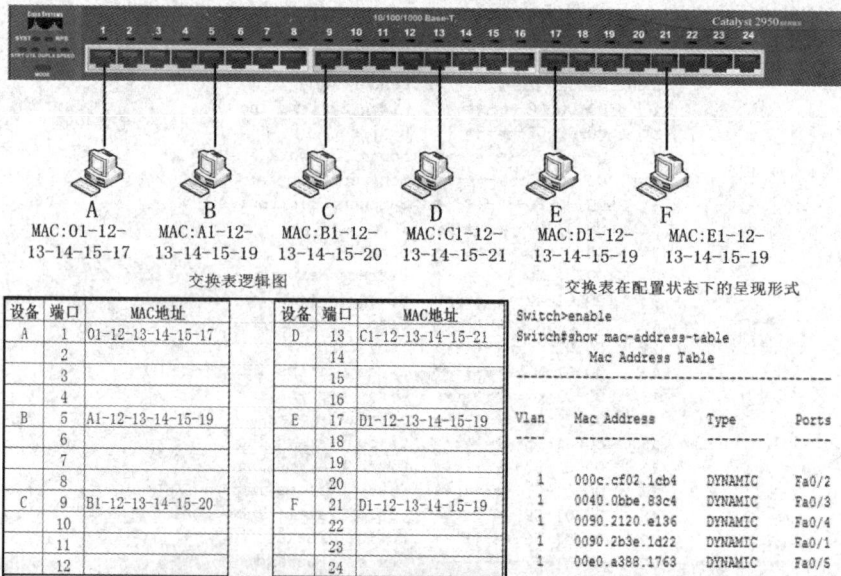

图 5-11　交换机的交换表

如图 5-12 所示为总线交换结构交换机的逻辑图，它拥有一条很高带宽的背部总线，交换机的所有的端口都挂接在这条背部总线上，总线按时隙分为多条逻辑通道，各个端口都可以往该总线上发送数据帧，发送端按时隙在总线上传输，相应的接收端在该时隙内接收数据。总线交换结构对总线的带宽有较高的要求，设交换机的端口数为 M，每个端口的带宽为 N，则总线的带宽应为 M × N。

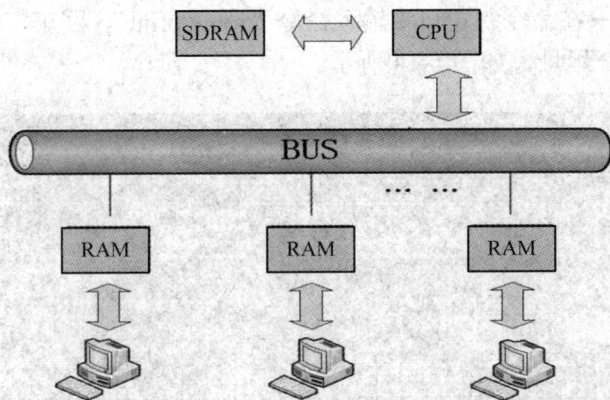

图 5-12　总线交换结构交换机逻辑结构

三、IP 地址

1. IP 地址

IP 地址是 IP 协议提供的以网络为单位为主机分配的一个逻辑地址，以此来屏蔽物理地址的差异，标识出各台主机在网络中的逻辑关联，以方便路由。

MAC 地址在全世界范围内是唯一不可重复的，它就类似身份证号码。IP 地址类似"弘圣路 1 号"，很有可能大理市有"弘圣路 1 号"上海也有"弘圣路 1 号"，IP 地址只能记录下类似"弘圣路 1 号"，比较有逻辑意义的网络地址，在一定范围内必须是独一无二的，而不是全世界范围内独一无二，如图 5-13 所示，就是这种情况。

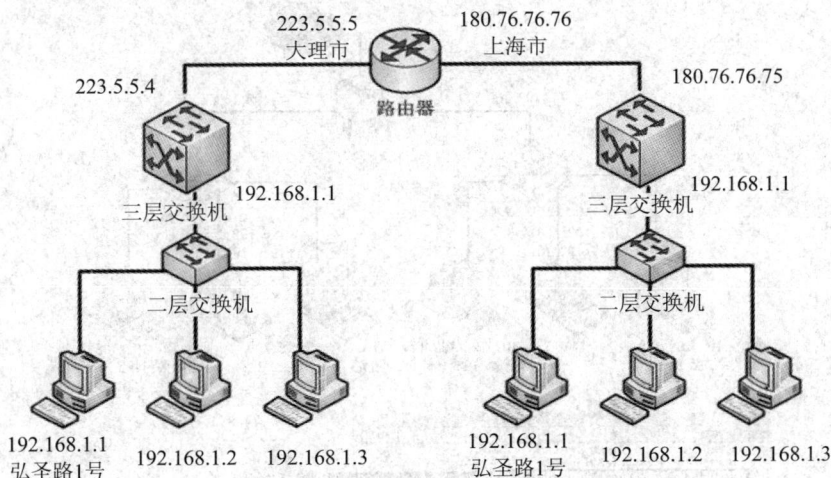

图 5-13　局域网 IP 的实现

2．获取计算机中的 IP 地址

第一种方法：可以使用 ipconfig 命令："开始 → 运行" → 输入命令"cmd"→在命令行窗口输入命令"ipconfig"，即可查看本机 IP；在命令行窗口输入命令"ipconfig / all"这条命令，会得到更详细的信息，如图 5-10 所示。

第二种方法：利用 Route.exe 程序(查看路由表命令)也可以查看 IP 地址。"开始→运行"→输入命令"cmd"→在命令行窗口中输入命令"route print"，回车，在显示路由信息的同时，也会显示你的 IP 地址，如图 5-14 所示。

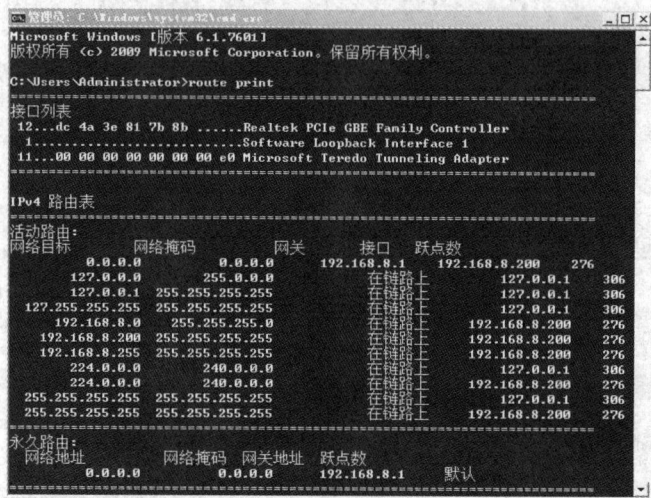

图 5-14　"route print"命令

3．IP 地址在路由器中的使用

如图 5-15 所示，以源地址为 192.168.1.2/24，目的地址为 192.168.2.2/24 的数据包转发为例，依据目的 IP 地址与掩码的与运算结果路由器可以确定目的地址的网络号为192.168.2.0，如果目前的路由表中存在 192.168.2.0 的路由信息，路由器就会根据这条路由信息进行转发，如果没有就会使用默认路由转发该数据包。

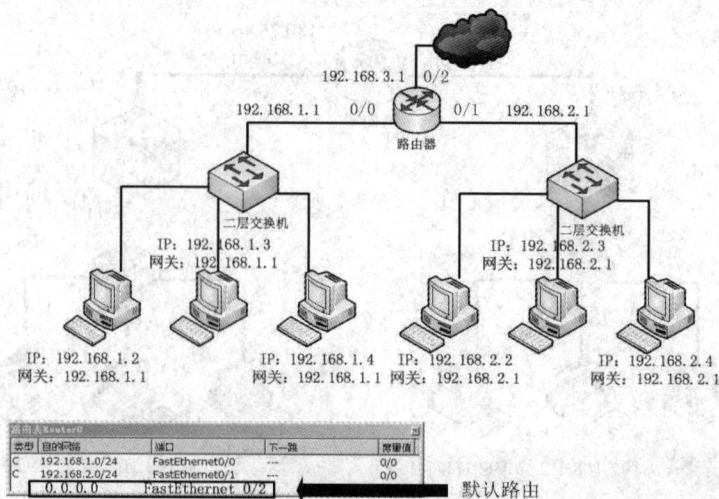

图 5-15　路由表的使用

四、域名系统 DNS

DNS 的全称是 Domain Name System，域名系统，当你在浏览器的地址栏中输入 www.baidu.com(域名)，按下回车键的时候，就是使用了 DNS 服务。如果你知道 www.baidu.com(域名)对应的 IP 地址为 200.181.6.19，也可以在地址栏中直接输入该 IP 地址，按下回车键，同样也可以到达这个网站。其实电脑使用的只能是 IP 地址(最终是二进制的 0 和 1)，这个 www.baidu.com(域名)只是让人们容易记忆而设的。因为我们记忆一些有逻辑关联的，有意义的文字(如 www.baidu.com)比那些毫无头绪的数字(如：220.181.6.19)往往容易得多。DNS 在文字和 IP 之间为我们担当了翻译的角色，免除了我们强记号码的痛苦。

我们可以使用以下两种方法来实现 DNS：

(1) 在计算机操作系统中建立一张 HOSTS 对应表，在该表中建立域名和 IP 地址对应关系，这样用户只需输入域名就可以代替 IP 地址进行通信。如果你安装了 Linux 系统，在 /etc 下面就可以找到这个 hosts 对应表；在 NT 的系统里，你也可以在 \Windows\System32\drivers\etc 下面找到它(如图 5-16 所示)。不过这个 hosts 文件是要由计算机操作者手工维护，这样带来的最大问题是无法适应大型网络域名与 IP 地址对应关系的实时更新，这时，DNS 服务器就派上了用场。

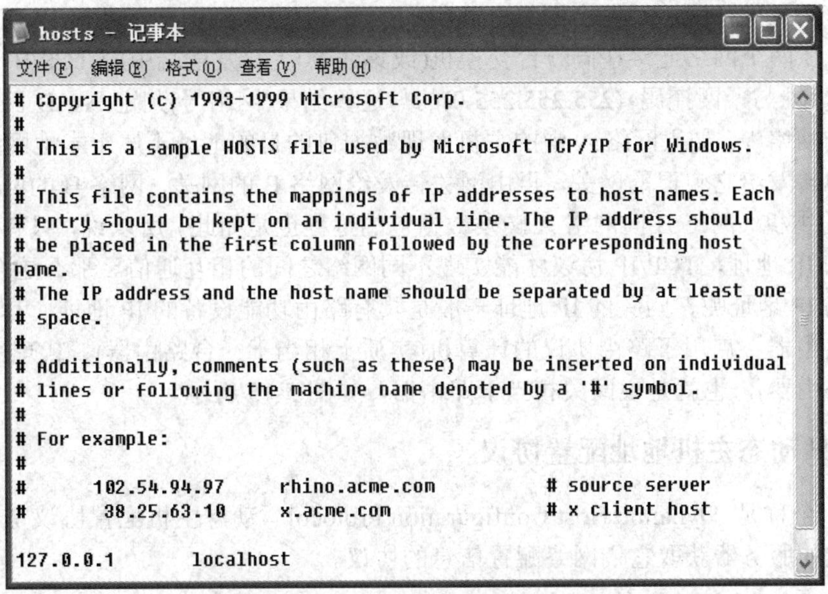

图 5-16　NT 系统中的 HOSTS 对应表

(2) 在网络中专门在一台计算机上建立并存储具有域名和 IP 地址对应关系的对应表，实时更新表中的对应关系，并为其他计算机提供域名解析服务，该台计算机称之为 DNS 服务器。所有的 DNS 服务器形成树状结构，依靠这种结构，域名和 IP 地址的对应关系能及时得到更新，网络中的其他计算机通过递归及迭代查询都能得到优质的解析服务，如图 5-17 所示。

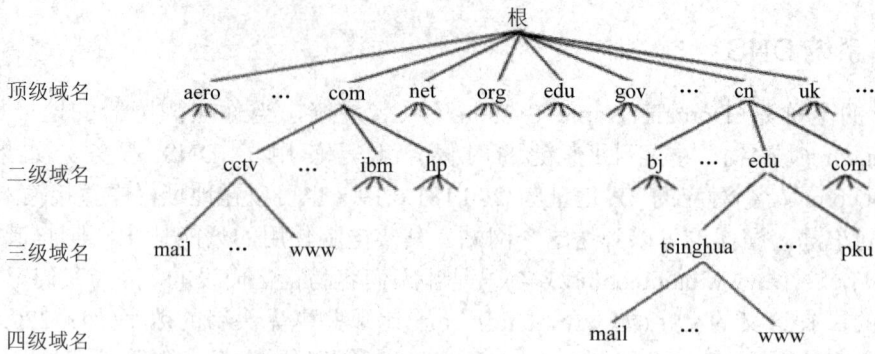

图 5-17　树状结构的 DNS 服务器

五、网关

网关(Gateway)又称网间连接器、协议转换器。大家都知道，从一个房间走到另一个房间，必然要经过一扇门。同样，从一个网络向另一个网络发送信息，也必须经过一道"关口"，这道关口就是网关。网关(Gateway)就是一个网络连接到另一个网络的"关口"。按照不同的分类标准，网关也有很多种。TCP/IP 协议里的网关是最常见的，在这里我们所讲的"网关"均指 TCP/IP 协议下的网关。

在没有网关的情况下，两个网络之间(网络号不同的网络)是不能进行 TCP/IP 通信的，即使是 A、B 两个网络连接在同一台交换机(或集线器)上，发送端中的 TCP/IP 协议也会根据目的 IP 地址与子网掩码 (255.255.255.0)的与运算结果(网络号)判定 A、B 网络中的主机处于不同的网络中。如果网络 A 中的主机发现数据包的目的地址不属于本地网络(网络 A)，就把数据包转发给它自己的网关，再由网关转发给网络 B 的网关，网络 B 的网关再转发给网络 B 中的主机。网络 B 向网络 A 转发数据包的过程也是如此。所以说，只有在终端中设置好网关的 IP 地址，TCP/IP 协议才能实现不同网络之间的相互通信。那么这个 IP 地址是哪台机器的 IP 地址呢？网关的 IP 地址一般是具有路由功能设备的 IP 地址，具有路由功能的设备有路由器、启用了路由协议的计算机(实质上相当于一台路由器)、代理服务器(也相当于一台路由器)，也就是说网关相当于路由器，如图 5-15 所示。

六、DHCP 动态主机地址配置协议

DHCP 全称是 Dynamic Host Configuration Protocol，动态主机配置协议是一种帮助计算机从指定的服务器获取它们网络配置信息的协议。

1. DHCP 服务器一般的功能和要求

(1) 保证任何 IP 地址在同一时刻只能由一台 DHCP 客户机使用。

(2) DHCP 服务器应当可以给用户分配永久固定的 IP 地址。

(3) 使用 DHCP 服务器获得 IP 地址的主机应当可以与用其他方法获得 IP 地址的主机共存(如手工配置 IP 地址的主机)。

2. DHCP 分配 IP 地址的三种方式

(1) 自动分配方式(Automatic Allocation)，DHCP 服务器为主机指定一个永久性的 IP 地址，一旦 DHCP 客户端第一次成功从 DHCP 服务器端租用到 IP 地址后，就可以永久性地使用该地址。

(2) 动态分配方式(Dynamic Allocation)，DHCP 服务器给主机指定一个具有时间限制的 IP 地址，时间到期或主机明确表示放弃该地址时，该地址可以被其他主机使用。

(3) 手工分配方式(Manual Allocation)，客户端的 IP 地址是由网络管理员指定的，DHCP 服务器只是将指定的 IP 地址告诉客户端主机。

七、网络地址转换协议 NAT

1. NAT 的概念

NAT(Network Address Translation)网络地址转换，就是指在一个网络内部，根据需要可以随意自定义 IP 地址，而不需要经过申请。在网络内部，各计算机间通过内部的 IP 地址进行通讯。当内部的计算机要与外部 Internet 网络进行通讯时，通过使用具有 NAT 功能的设备(比如：路由器)负责将其内部的 IP 地址转换为外网的 IP 地址(即经过申请的 IP 地址)进行通信。

2. NAT 的应用环境

情况 1：一个企业不想让外部网络用户知道自己的内部网络结构，可以通过 NAT 将内部网络与外部 Internet 隔离开，这样外部用户就查询不到内部网络服务器的 IP 地址，保护了内网服务器，如图 5-18 所示。

数据流方向	使用NAT之前	使用NAT之后
从外网到内网	目的地址为：114.155.40.81	目的地址为：192.168.1.3
从内网到外网	源地址为：192.168.1.3	源地址为：114.155.40.81

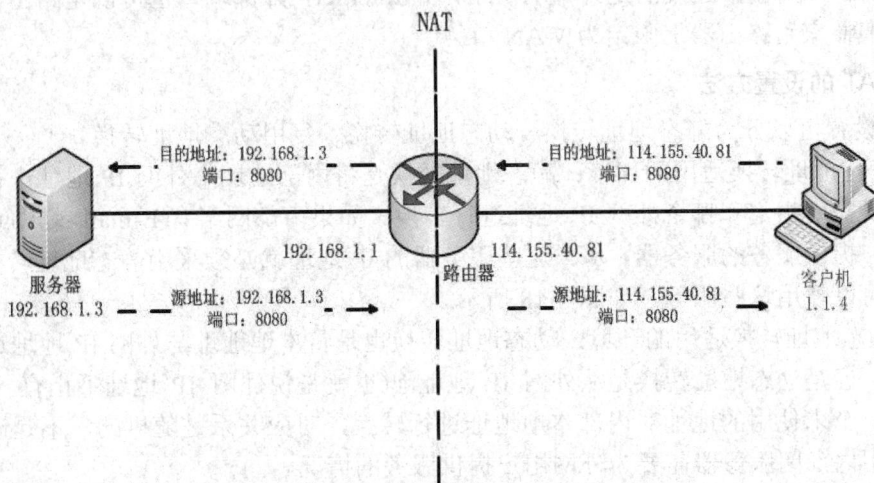

图 5-18　使用 NAT 隐藏内部网络

情况 2：一个企业申请的外网 IP 地址很少，而内部网络用户很多。可以通过 NAT 功能实现多个用户同时共用一个外网 IP 地址与外网进行通信，家用路由器就是这种情况，如图 5-19 所示。

数据流方向	使用NAT之前	使用NAT之后
从内网向外网	192.168.1.2:1111	114.155.40.81:1001
从内网向外网	192.168.1.3:2002	114.155.40.81:1002
从内网向外网	192.168.1.4:2002	114.155.40.81:1003

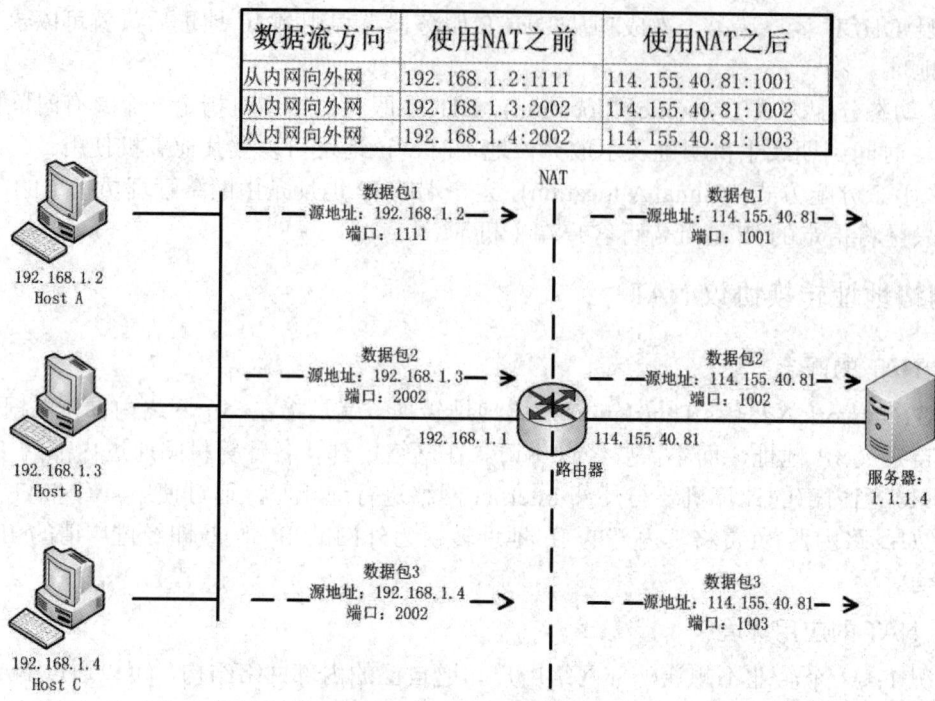

图 5-19　动态地址转换

3．设置 NAT 所需路由器的硬件配置

设置 NAT 功能的路由器至少要有一个内部端口(Inside，在家用路由器上体现为 LAN 口)和一个外部端口(Outside，在家用路由器上体现为 WAN 口)。内部端口可以是任意一个路由器端口。外部端口连接的是外部的网络，如 Internet，外部端口也可以是路由器上的任意端口，但在家用路由器上限定为 WAN 口。

4．NAT 的设置方法

NAT 设置可以分为静态地址转换、动态地址转换、复用动态地址转换。

(1) 静态地址转换适用的环境：静态地址转换是将内部地址与外网 IP 地址进行一对一的转换，且需要指定和哪个外网 IP 地址进行转换。如果内部网络有 E-mail 或 FTP 等需要为外网用户提供服务的服务器，那么这些服务器的 IP 地址就必须采用静态地址转换，以便外网用户可以使用这些服务，如图 5-18 所示。

(2) 动态地址转换适用的环境：动态地址转换也是将本地地址与外网 IP 地址进行一对一的转换，但是动态地址转换是从外网 IP 地址池(也就是说外网 IP 地址不止有一个)中随机地选择一个未使用的地址对内部本地地址进行转换，对应关系是随机的，不是确定的，所以不适用内部网服务器需要为外网用户提供服务的情况。

(3) 复用动态地址转换适用的环境：复用动态地址转换首先是一种动态地址转换，通过使用在外网 IP 地址之后加端口号标识各个内部主机的方法，它可以允许多个内部地址共用一个外网 IP 连到外网。通常使用在只申请到少量外网 IP，但却经常同时有多于外网 IP 个数的计算机上外网的情况。家用路由器多用这种方法实现多台网络设备同时上网，如图 5-19 所示。

注意：当多个用户同时使用一个外网 IP 地址访问外网时，被访问服务器利用 TCP 或 UDP 端口号来唯一标识计算机。

第二节 无 线 路 由 器

无线路由器是用于接入 Internet、带有无线覆盖功能的网络设备。功能类似转发器，把外网数据通过天线转发给附近的无线网络设备，如笔记本电脑、智能手机、平板以及所有带有 Wifi 功能的设备。无线路由器在家庭和各类场所中普遍使用，本节主要讲述无线路由器的原理、配置方法，以及实用技术。

无线路由器的组成如图 5-20 所示。

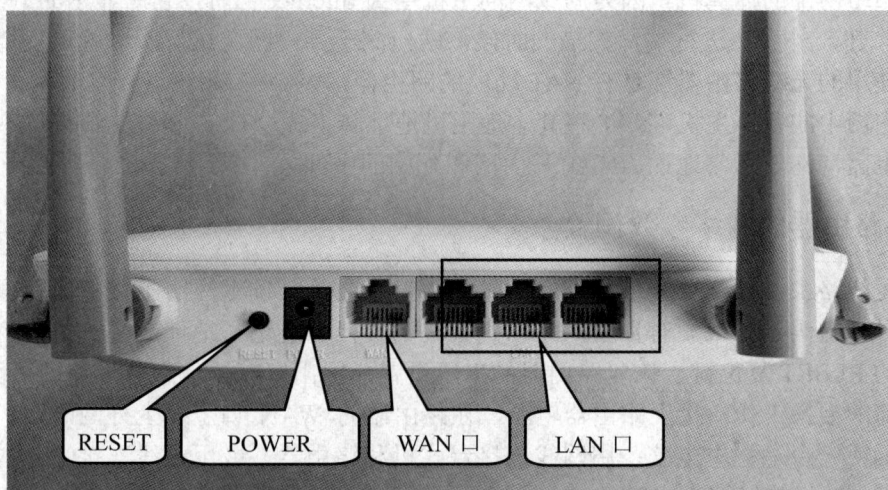

图 5-20 无线路由器

(1) POWER：电源接口，外接电源。

(2) RESET：复位键，用于恢复路由器的出厂设置。

(3) WAN：连接互联网的接口，此接口用一条网线与宽带调制解调器(或交换机)进行连接。

(4) LAN：计算机与路由器的接口，家用无线路由器一般有 3 到 4 个 LAN 口，使用网线与计算机连接。

从外观上看，无线路由器有一个 WAN 口和多个 LAN 口。LAN 口用于连接计算机，WAN 口用于连接互联网。从构成原理的角度看，无线路由器由两部分组成：NAT 和 DHCP。因为内网地址直接放到外网中，外网不识别，所以需要 NAT 把所有的内网地址翻译成外网地址。DHCP 用来在内网给主机分配 IP 地址。具体来说，DHCP 用于为网络内的主机分配 IP 地址和设置一些与网络配置有关的参数，NAT 用于在外网与内网间翻译地址，以达到同一个网络内的多个主机(对应多个地址)通过同一个网关(一个地址)来访问外部网络的目的，也就是说 NAT 将内网 IP 地址转换为外网 IP 地址，实现内网中的主机能正常访问 Internet 的目的。

一、无线路由器中的 NAT

本节中所说的"内网"通俗地说是用无线路由器构建的局域网,"外网"是内网的上级网络。

NAT(Network Address Translation,网络地址转换),主要实现内网的多台主机能同时访问外网的功能。用无线路由器构建的一个局域网(内网),内网的各个主机会分配得到本地 IP 地址(仅在内网使用的专用地址),NAT 能把各个主机的内网地址转换成同一个外网 IP 地址,连接因特网,也就是 NAT 让一个全球有效 IP 地址变得通用,有助于减缓可用公网 IP 地址空间的枯竭。

NAT 不仅解决了 IP 地址不足的问题,而且还能够有效地避免来自网络外部的攻击,隐藏并保护网络内部的计算机。因为局域网的主机连到 Internet 上时,它所显示的 IP 是 NAT 主机的公共 IP,外界在进行端口扫描的时候,就侦测不到内网主机,所以就更安全。

现在使用的无线路由器都是有 NAT 功能的路由器,WAN 口用于连接互联网,LAN 口用于连接内网中的各个主机,NAT 将其本地主机地址转换成全球 IP 地址,让局域网内的各个主机连上因特网。形象地说,NAT 是内网和外网的中间人。

二、无线路由器的网络参数设置

设置无线路由器首先要登录管理界面,路由器底面的贴条上注明了路由器管理地址以及管理账号和密码,如果没有标明,可以查找说明文档。忘记了地址或密码时,可以长按路由器上的 RESET 复位键,恢复路由器的出厂设置,用出厂默认信息登录管理界面。

设置前的准备工作:接上路由器电源,在路由器的 WAN 口上插上外网网线;准备一台台式电脑或一台笔记本电脑;用网线连接台式机和路由器,或用无线连接笔记本电脑和路由器;把台式机或笔记本电脑的 IP 地址改成自动获取;等计算机连接到路由器之后,打开浏览器,在地址栏输入路由器管理地址,进入管理界面后,输入登录密码,点击打开路由器设置界面。

不同品牌的无线路由器,配置界面和配置方法大同小异,我们以腾达 Tenda N302 v2 为例介绍无线路由器的网络参数设置。无线路由器的配置项目主要有 WAN 口、LAN 口、DNS、DHCP 服务器等,各配置参数分别如下:

1. WAN 口设置

1) WAN 口介质类型

路由器设备的接入方式有"有线 WAN"和"无线 WAN"两种模式。"有线 WAN"顾名思义是以网线连接方式接入的,"无线 WAN"需要输入上级无线设备的无线信号名称(SSID)、信道以及安全模式等相关参数。如果路由器能智能识别接入方式,那么使用者无须设置。

2) 上网方式

WAN 口设置中,有 3 种上网方式:ADSL 拨号、静态 IP、自动获取,如图 5-21 所示。不同品牌路由器的上网方式名称可能不相同,但意义相同,例如水星路由器设置时,显示的是宽带拨号上网、固定 IP 地址、自动获得 IP 地址,如图 5-22 所示。究竟选用哪种上网方式，需根据实际接入的网络来判断。有的路由器设置界面中有"自动检测"按钮，把选择权交给了系统，让系统检测并选择，替代使用者完成设置。如果还是不确定选择哪种上网方式，建议查看宽带业务单据或咨询当地的 ISP(网络服务提供商)。总之，要根据实际情况来选择对应的上网方式。下面分别认识 3 种上网方式下对应的 WAN 口设置。

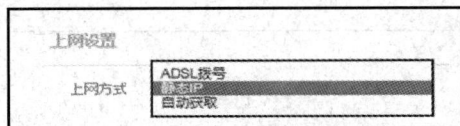

图 5-21　腾达路由器上网方式

图 5-22　水星路由器上网方式

(1) ADSL 拨号。宽带拨号上网在家庭中使用很普遍。家庭接入 Internet，主要有三种情况：网线入户、光纤入户、电话线入户，分别对应 WAN 口插入户的网线、插与光猫连接的网线、插与 ADSL 调制解调器连接的网线，这时路由器 WAN 口上网方式选择的都是"ADSL 拨号"。当在网络运营商那里开通宽带拨号上网后，运营商会提供宽带用户名和密码，也就是配置界面所需的用户名和密码。此方式下的上网设置如图 5-23 所示，运行状态如图 5-24 所示。

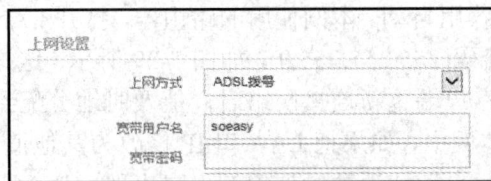

图 5-23　ADSL 拨号方式

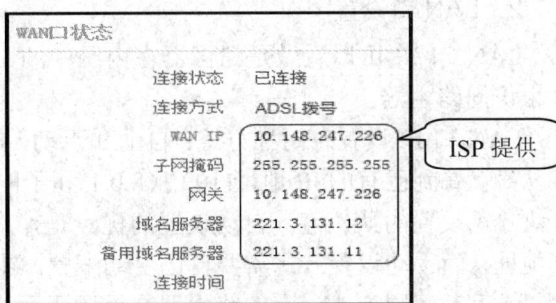

图 5-24　WAN 口状态

(2) 静态 IP。当路由器 WAN 口接入一个局域网，此局域网已经连接了 Internet，但是此局域网没有启用 DHCP 时，路由器 WAN 口上网方式应选择"静态 IP"。配置参数时，要在"IP 地址"中手工填写已知的外网 IP。此方式下的 WAN 口设置如图 5-25 所示，还需手工配置子网掩码、网关、DNS 服务器、备用 DNS 服务器。运行状态如图 5-26 所示。

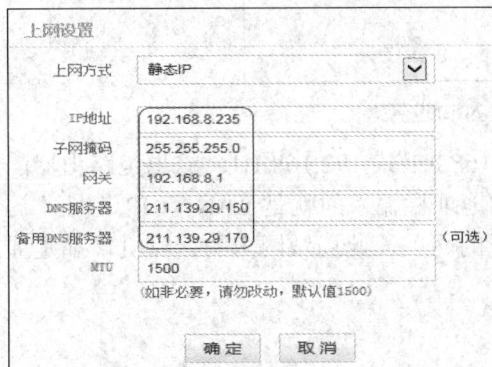

图 5-25　静态 IP 方式

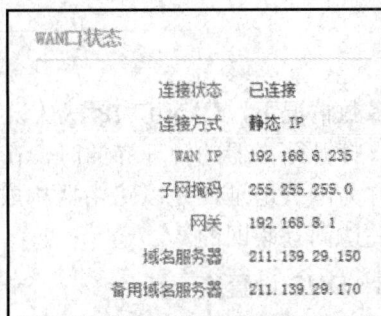

图 5-26　WAN 口状态

（3）自动获取。当路由器 WAN 口接入一个局域网，此局域网已经连接到 Internet 并启用了 DHCP，路由器接入的 IP 是由 DHCP 自动分配得到的，这时上网方式应选择"自动获取"。这种上网方式是动态 IP 接入方式，自动获取上一级路由器分配的地址作为 WAN 口的地址，并且自动获取 WAN 口的子网掩码和网关地址，无需手动设置。此方式下的 WAN 口设置如图 5-27 所示，运行状态如图 5-28 所示。

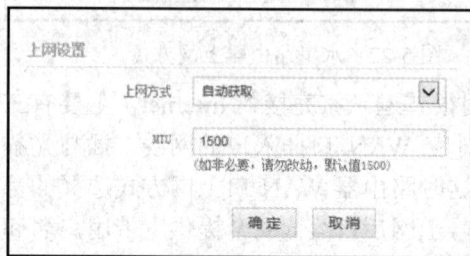

图 5-27　自动获取方式　　　　　　图 5-28　WAN 口状态

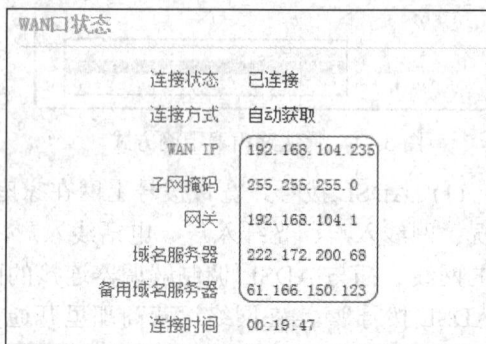

2. LAN 口设置

LAN 口 IP 可以看做是路由器在内网中的 IP 地址，内网中的设备通过 LAN 口设置的 IP 来访问路由器。

LAN 口 IP 设置有两种方式：自动和手动，推荐用自动。本例使用的路由器，打开 LAN 口设置就看到已有的 IP 地址(192.168.0.1)和子网掩码(255.255.255.0)，如图 5-29 所示，这是自动方式设置的默认值。自动设置的优点是，在客户端重新连接网络时，能及时地分配到 IP 地址，而手动设置方式需要自己手动配置。在本例中，如果把 LAN 口 IP 修改为其他值，就属于手动配置方式。有的路由器在设置界面中，自动和手动以选项的形式出现，让管理者进行选择。

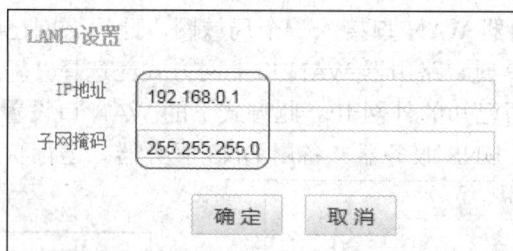

图 5-29　LAN 口设置

多数情况下，LAN 口 IP 默认设置是 192.168.0.1 或 192.168.1.1。这也是路由器的管理地址，打开路由器的管理界面时，在浏览器的地址栏输入的就是 LAN 口 IP 地址。这个地址又称为网关地址，是以路由器构成的局域网的网关，此局域网内的计算机，都是通过这个网关访问互联网的。

3. DNS 设置

DNS 服务器：DNS 服务器有主 DNS 服务器和备用 DNS 服务器，作用是提供域名解析服务，填写 ISP(网络服务提供商)提供的 DNS 服务器地址。如果 DNS 服务器 IP 填写错误，会造成网页无法打开。本例使用的路由器，DNS 设置界面简洁方便，在"域名服务设置"选中时，可输入指定的域名服务器 IP，未选中时 ISP(网络服务提供商)会自动分配。下图是 WAN 口的 DNS 设置，域名服务器(DNS)地址是自动分配得到的，如图 5-30 所示。

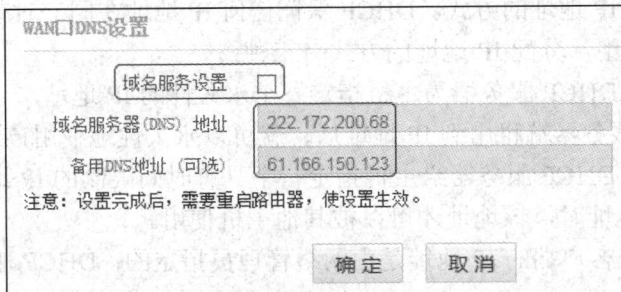

图 5-30　DNS 设置

4．DHCP 服务器

DHCP(Dynamic Host Configuration Protocol)即动态主机配置协议。便携式计算机可能需要经常接入不同路由器构建的局域网(比如公司和家中就是两个不同路由器构建的局域网)，用手动的方式配置计算机接入到网络的 IP 地址、网关、DNS 等参数，既不方便，又容易出错，而用网络中路由器的 DHCP 自动分配的 IP 地址等信息，既快又正确。DHCP 服务器的主要用途：一是给内部网络设备自动分配 IP 地址；二是内部网络管理员集中管理所有计算机。有的路由器的 DHCP 服务器界面上集合了如下设置：网关、主 DNS 服务器、备用 DNS 服务器。

(1) DHCP 服务器功能的开启和关闭。在 DHCP 服务器设置的界面上，有是否启用 DHCP 服务器的复选框，如图 5-31 所示。

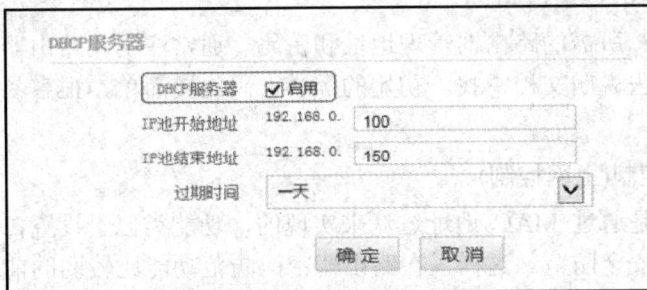

图 5-31　DHCP 设置

DHCP 服务器默认是开启的，让路由器有自动分配 IP 的功能，在这个模式下，内网主机的网络连接设置成自动获得 IP 地址，这时内网主机的 IP 地址都是由 DHCP 服务器自动分配的，所以说 DHCP 是动态主机配置。

不开启 DHCP 服务器，内网客户端就无法自动获取 IP，要实现接入 Internet 网，需在客户端手动设置 IP 地址、网关、DNS 服务器地址。

(2) 地址池开始地址和结束地址。地址池是 IP 地址的集合，地址池的开始地址和结束地址是无线路由器分配 IP 地址的范围。在 DHCP 服务器开启的情况下，地址池的设置才起作用，DHCP 服务器把这些 IP 自动分配给内网的主机。本例中，地址池开始地址默认设置是 192.168.0.100，结束地址默认设置是 192.168.0.150，其他品牌路由器的默认地址可能会不同。在 DHCP 服务器关闭的情况下，地址池设置无效。

(3) 地址租期。DHCP 服务器给主机指定的租用 IP 地址的时限，在此例中称作过期时间，在客户端要求时才分配过期时间。

(4) DHCP 分配 IP 地址的方式。DHCP 保证任何 IP 地址在同一时刻只能由一台 DHCP 客户机(内网主机)使用，分配 IP 地址的方式有三种：

自动分配方式：DHCP 服务器为主机指定一个永久性的 IP 地址，一旦 DHCP 客户端第一次成功从 DHCP 服务器端租用到 IP 地址后，就可以永久性地使用该地址。

动态分配方式：DHCP 服务器给主机指定一个具有时间限制的 IP 地址，时间到期或主机明确表示放弃该地址时，该地址才可以被其他主机使用。

手工分配方式：客户端的 IP 地址是由网络管理员指定的，DHCP 服务器只是将指定的 IP 地址告诉客户端主机。

三种地址分配方式中，只有动态分配可以重复使用客户端不再需要的地址。

总之，在路由器配置时，只有保证输入的各个参数正确，客户端才能正常接入 Internet 网。一般情况下，在设置向导中包含了必需的设置项目，跟随向导能快速配置路由器，每个品牌的路由器都是把必要的设置项目做成向导，充分为使用者考虑，让路由器的设置更简洁快速，但不一定涉及所有的配置项目。

三、无线路由器的安全设置

对于绝大多数用户而言，主要是在家庭中使用无线路由器实现无线 Wifi 网络覆盖。自家的无线网被别人使用后就会导致网速变慢，还有可能泄露个人隐私，所以要加强路由器安全管理。无线路由器的安全设置主要有两种方法：设置密码和访问控制。

1. 修改路由器的登录密码

登录路由器时，所需的路由器管理地址和密码，通常注明在路由器底面的贴条上，如果没有标明，可以去说明文档中找。初始的登录密码比较简单，很容易被猜中，最好重新设置一个新密码。

2. 无线访问控制(上网控制)

无线访问控制是通过 MAC 地址过滤来实现的，功能类似于设置白名单和黑名单，通过上网控制来加强安全防范。这样，在路由器密码防范功能比较弱的前提下，还可以通过设置访问权限来限制设备连上自己的路由器，增强路由器使用的私密性。

无线访问控制功能的实现方法是：从客户端的无线网卡 MAC 地址入手，控制其是否可以与路由器进行通信。MAC 地址过滤中有 3 个选项：关闭、仅允许、仅禁止。要禁用无线访问控制功能，请选关闭，要设置该功能请选择仅允许或仅禁止。

"仅允许"功能：把客户端 MAC 地址添加到列表中，仅列表中的设备可以连接路由器，相当于白名单，界面如图 5-32 所示。

"仅禁止"功能：列表中的设备将无法连接路由器的 Wifi，相当于黑名单。

无线访问控制是对无线路由器安全的进一步强化，即使非法用户知道用户名和密码，路由器也可以限制其接入。

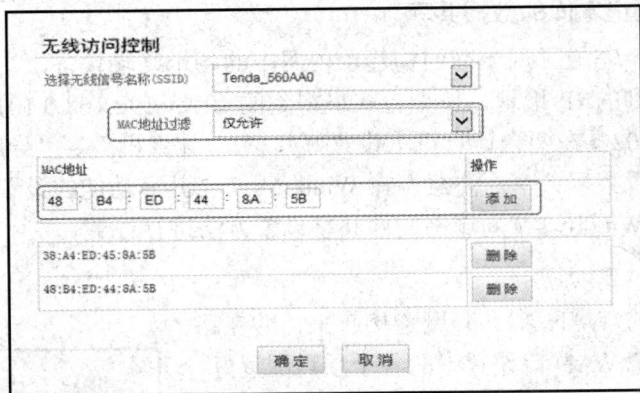

图 5-32　无线访问控制

四、使用路由器组建局域网

随着时代的发展，个人拥有的计算机和智能设备多起来了，家庭中可能有多台计算机、智能手机、智能家电等智能设备，通过无线路由器组建的局域网，让计算机、智能设备通过网络相互通信，畅享智能生活。下面通过一个简单的实例，讲述使用无线路由器组建局域网的过程。

1．设备

一个无线路由器，一台台式计算机，一台笔记本电脑，一台智能手机，一盏智能台灯。

2．连接(内网)

路由器接上电源，用网线连接路由器的 LAN 口和台式机，笔记本电脑和其他智能设备以无线的方式连接。

3．路由器设置

分别把台式机的 IP 地址、笔记本电脑的网络连接设置成自动获得 IP 地址。计算机连接到路由器之后(台式机或笔记本电脑都可以)，打开浏览器，在地址栏输入路由器管理地址(以 192.168.0.1 为例)，进入管理界面，输入登录密码，进入路由器设置界面。LAN 口 IP 设置使用默认值 192.168.0.1，子网掩码使用默认值 255.255.255.0，如图 5-33 所示。启用 DHCP 服务器，地址池开始地址默认 192.168.0.100，地址池结束地址默认 192.168.0.150，如图 5-34 所示。

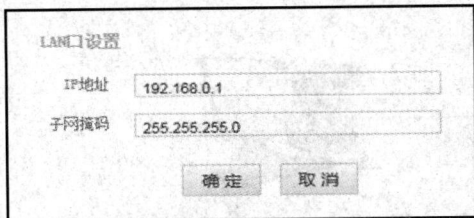

图 5-33　LAN 口设置

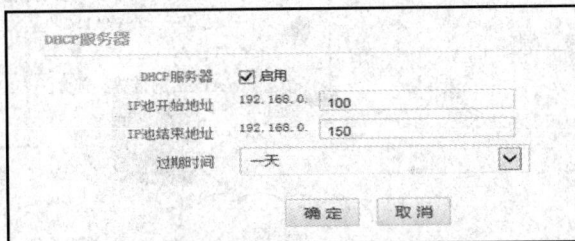

图 5-34　DHCP 设置

4. 台式机和笔记本间的数据共享

经过上面设置，完成了局域网的构建，内网中的各个终端设备，在各自的网络连接属性中能查看到分配到的 IP 地址，例如台式机得到的 IP 是 192.168.0.101，笔记本电脑得到的 IP 是 192.168.0.102。在两台计算机上设置好共享，"计算机"—"导航窗格"—"网络"中能看到彼此，实现数据共享。注意，在 Windows 7 下共享功能的设置和以前的操作系统有所不同，请按照 Windows 7 局域网文件共享设置方法进行设置。

5. 连接外网

将无线路由器的 WAN 口和外网连接起来，并在路由器的配置界面上把 WAN 口设置中的各个项目配置好，本例中 WAN 口的上网方式选择的是 "ADSL 拨号"，输入运营商提供的宽带用户名和宽带密码，连接外网，WAN 口状态如图 5-35 所示。WAN 口接入的 IP 地址是 10.148.247.226，子网掩码 255.255.255.255，网关 10.148.247.226，DNS 服务器地址 221.3.131.12 和备用 DNS 服务器地址 221.3.131.11，这几个参数都是网络服务提供商提供的。这时局域网内的计算机就能接入 Internet 了。在无线路由器的信号发射范围内，智能手机、智能家电等设备，能自动探测到无线路由器，输入登录密码，连接成功，通过路由器连接到 Internet。此外，局

WAN口状态	
连接状态	已连接
连接方式	ADSL拨号
WAN IP	10.148.247.226
子网掩码	255.255.255.255
网关	10.148.247.226
域名服务器	221.3.131.12
备用域名服务器	221.3.131.11
连接时间	

图 5-35　WAN 口状态

域网内的计算机、智能设备之间也可以通过我们搭建的网络相互通信。例如，用手机控制台灯开关，在手机和计算机间互传文件等，享受智能生活的便利。

上面通过举例讲述了局域网的组建过程，为了讲解方便，每类设备只选用了一台，实际上设备数量并不局限于一台，在实际生活中，可以接入多个同类设备，从而使局域网的规模变得更庞大。图 5-36 是这个局域网的构建示意图，以供参考。

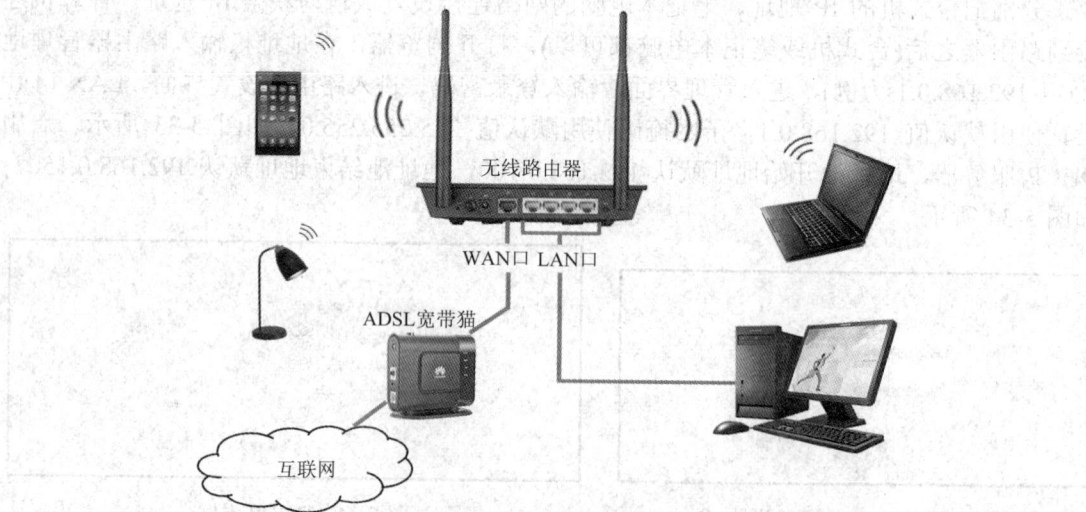

图 5-36　无线局域网

第三节　常用网络工具

一、浏览器

浏览器是用于浏览 WWW(万维网)的工具，安装在用户的机器上，是万维网的客户端浏览程序。浏览器可以向万维网(Web)服务器发送各种请求，并对从服务器发来的超文本信息和各种多媒体数据格式进行解释、显示和播放。形象地说，它是用户与 WWW 之间的桥梁。

1．浏览器的分类

浏览器一般通俗地分为 IE 内核浏览器和非 IE 内核浏览器。

IE 内核浏览器能兼容所有网页，也就是正常打开所有网页。因为不满足于 IE 的功能、外观以及 IE 的兼容性，所以就有了基于 IE 引擎的浏览器，主要是在一些功能与外观上进行了修改，让 IE 变得更好用。

非 IE 内核浏览器有基于 Gecko 内核的浏览器、基于 WebKit 内核的浏览器和基于 Presto 内核的浏览器，它们不是 IE 核心。还有一类被称为双核浏览器，双核浏览器这个概念和 CPU 的双核是两码事，双核是指一般网页用非 IE 内核打开，指定的网页用 IE 内核打开，并不是一个网页同时用两个内核进行处理。双核浏览器好比走路时脚上穿一双鞋，肩膀上还背一双鞋，内存消耗更大。

2．常用的浏览器

进入 21 世纪，随着互联网的发展，浏览器作为互联网的入口，已经成为各大软件巨头的必争之地，竞争十分激烈，如今市场上主要的浏览器有以下几种：

1) IE 内核浏览器

(1) Internet Explorer 浏览器。Internet Explorer(简称 IE)浏览器是世界上使用最广泛的浏览器，它由微软公司开发，预装在 Windows 操作系统中，所以安装完 Windows 操作系统之后就会有 IE 浏览器。

(2) QQ 浏览器。QQ 浏览器是腾讯公司的浏览器，使用新架构对 IE 内核做了优化，有独特的压缩技术和图片处理技术，在传送图片和视频上效果好。还支持微信，可以边上网边聊天；安装包小、访问网页速度快。

(3) Maxthon 遨游浏览器。Maxthon 浏览器是基于 IE 内核，并在此基础上进行创新，将 IE 核心扩展成了一个具有更高安全性和易用性的浏览器，功能多，标签多，对系统资源的占用率少。

(4) 百度浏览器。百度浏览器也是基于 IE 内核，整合了百度的资源，结合了百度搜索应用平台，将百度云应用与百度浏览器整合在一起，让网页浏览和云端应用相结合，这是百度浏览器的一大特色。

(5) 猎豹浏览器。猎豹浏览器是金山网络研发的，特点是安全与快速，集合浏览器主动防御和金山云安全，能智能切换引擎，动态选择内核匹配不同网页，浏览快速。

2) 非 IE 内核浏览器

(1) Firefox 浏览器。Firefox 浏览器(火狐浏览器)是一个开放源代码的浏览器，由 Mozilla 资金会和开放源代码开发者一起开发。由于是开放源代码的，所以它集成了很多小插件，拓展了很多功能。该浏览器于 2002 年发布，也是世界上使用率排名靠前的浏览器。

(2) Chrome 浏览器。Chrome 浏览器由谷歌(Google)公司开发，特点是简洁、快速，浏览速度在众多浏览器中处于前列，属于高端浏览器。其测试版本于 2008 年发布。虽说是比较年轻的浏览器，但它却以安全、稳定、快速获得了使用者的认可。谷歌浏览器在 2012 年 8 月份市场份额正式超过 IE 浏览器，跃居第一。

(3) Safari 浏览器。Safari 浏览器是苹果公司开发的，预装在苹果操作系统当中，是苹果系统的专属浏览器，也是使用比较广泛的浏览器之一。

(4) Opera 浏览器。Opera 浏览器因其快速、小巧和兼容性好的特点，获得了国际上用户和业界媒体的认可，并在网上受到很多人的推崇。Opera 浏览器适用于各种平台、操作系统和嵌入式网络产品。Opera 浏览器首创了许多新功能，从而帮助用户提高上网效率，促进创新和网络开发。例如，在 Opera 浏览器的第一个公开发行版本里，Opera 就实现了在一个窗口里同时打开多个文档——这就是现在普遍流行的"标签式浏览"的前身。

3. 浏览器内核

"浏览器内核"指的是一个浏览器最核心的部分，英文名为"Rendering Engine"(也就是"渲染引擎")，也常称作"排版引擎"、"解释引擎"。这个引擎的作用是帮助浏览器来渲染网页的内容，将页面内容和排版代码转换为用户可见的视图。

常见的浏览器内核(或者说渲染引擎)有好几个，如 Trident、Gecko、WebKit 等等，不同的内核对网页编写语法的解释也不同，进而导致同一个页面在不同内核的浏览器下显示出来的效果也会有所出入，这也是研发工程师需要让作品兼容各种浏览器的原因。

我们常常喜欢把浏览器内核与某浏览器名称直接挂钩起来，如 IE 内核、Chrome 内核，其实是不全面的说法。比如 Opera 在 7.0 版本到 12.16 版本中采用的是独立研发的 Presto 引擎，但在后续跟随了 Chrome 的脚步加入了 WebKit 大本营，放弃了 Presto；另外即使名称相同，但版本不同的引擎也可能存在较大差别。比如 IE6 使用的是 Trident 早期版本，存在许多 bug，性能也较低。而最新的 IE11 所使用的 Trident7.0 版本已经可以支持 WebGL(3D 绘图标准)以及 HTML5 大部分标准。下面介绍主流的浏览器内核。

(1) Trident 内核，代表产品是 Internet Explorer 浏览器，又称其为 IE 内核。Trident 是微软开发的一种排版引擎。使用 Trident 渲染引擎的浏览器包括 IE、遨游等，国产的绝大部分浏览器使用的是 Trident 内核。

(2) Gecko 内核，代表产品是 Mozilla Firefox(飞狐浏览器)。Gecko 是一套开放源代码的、以 C++编写的网页排版引擎，是最流行的排版引擎之一，仅次于 Trident。使用它的浏览器有 Firefox、Netscape 6 至 9。

(3) WebKit 内核，代表产品有苹果公司开发的 Safari、谷歌(Google)的 Chrome，是目前应用范围最大的开放源代码的内核。它的优点在于源码结构清晰、渲染速度极快；缺点是对网页代码的兼容性不高，导致一些编写不标准的网页无法正常显示。

WebKit 本身主要是由两个引擎构成的，一个正是渲染引擎"WebCore"，另一个则是

Javascript 解释引擎 "JSCore"。WebKit 是苹果公司给开源世界的一大贡献，基于此开源引擎，衍生了多个 WebKit 分支，如下面要介绍的 Chrome 浏览器引擎。

谷歌 Chrome 浏览器从 2008 年创始至今一直使用苹果公司的 WebKit 作为浏览器内核原型，是 WebKit 的一个分支，然而从 2013 年发布的 Chrome 28.0.1469.0 版本开始，Chrome 转向使用最新的 Blink 引擎(基于 WebKit2——苹果公司于 2010 年推出的新的 WebKit 引擎)，Blink 对比上一代的引擎精简了代码、改善了 DOM 框架，也提升了安全性。

(4) Presto 内核，代表产品是 Opera 浏览器。Presto 浏览器是由挪威 Opera Software ASA 公司制作的，支持多页面标签式浏览的网络浏览器，是跨平台浏览器，可以在 Windows、Mac 和 Linux 三个操作系统平台上运行。Presto 加入了动态功能，例如网页或其部分可随着 DOM 及 Script 语法的事件而重新排版。Presto 在推出后不断有更新版本推出，使不少错误得以修正，以及阅读 Javascript 效能得以最佳化，并成为当时速度最快的引擎。

4．浏览网页

浏览 WWW 必须使用浏览器。下面以 Windows 7 系统上的 Internet Explorer 11(简称 IE11，或简称 IE)为例，介绍浏览器的常用功能及操作方法。本书中使用的浏览器除另作说明外，均指 IE11。

1) 使用浏览器浏览网页

(1) IE 的启动和关闭。可使用"开始"菜单启动 IE。单击 Windows 系统左下角任务栏上的"开始"菜单，然后在"所有程序"弹出菜单中找到 ![Internet Explorer] Internet Explorer ，单击就可以打开 IE 浏览器了。实际上在 Windows 环境下，IE 就是一个应用程序，用启动一个应用程序的方法同样适用于启动 IE。

关闭 IE 有以下四种方法：

① 单击 IE 窗口右上角的关闭按钮；

② 单击 IE 窗口左上角，在弹出菜单中单击"关闭"；

③ 在任务栏的 IE 图标右键快捷菜单中单击"关闭窗口"按钮；

④ 选中 IE 窗口后，按组合快捷键 Alt + F4。

IE11 是一个选项卡式的浏览器，特点是可以在一个窗口中打开多个网页。因此在关闭时会提示选择"关闭所有选项卡"或"关闭当前的选项卡"，如图 5-37 所示，要根据自己的需要进行选择。

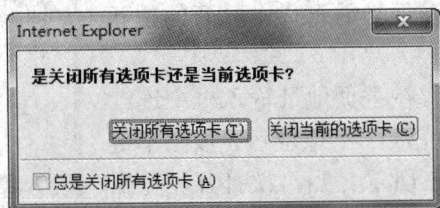

图 5-37　关闭浏览器

(2) 输入 Web 地址打开网页。在地址栏内输入网页地址后按回车就能打开网页了。用户第一次输入某个地址时，IE 会记住这个地址，再次输入这个地址时，只需输入开始的几个字符，IE 就会把与用户输入的开始几个字符相同的地址显示出来供用户选择，这时只需用鼠标在其中选择所需地址，即可打开相应地址浏览页面了。

(3) 三个功能按钮。IE 窗口最右侧有三个功能按钮 🏠 ★ ⚙，它们分别是：

· 主页：每次打开 IE 会打开一个选项卡，选项卡中默认显示的是主页，主页的地址可以在 Internet 选项中设置，并且可以设置多个主页，这样打开 IE 就会打开多个选项卡，同时显示多个主页的内容。

· 收藏夹：IE11 将收藏夹、源和历史记录集成在一起了，单击收藏夹可以看到被收藏的各个网页。

· 工具：单击可以看到"打印"、"文件"、"关于 Internet Explorer"等功能按钮。

2) Web 页面保存

在浏览页面时，看到有价值的页面内容可以根据需要保存下来，Web 页面保存主要有以下几种：

(1) 保存 Web 页。单击"文件"→"另存为"命令，选择保存路径、输入文件名、选择保存类型，把 Web 页保存到硬盘上。

(2) 保存部分 Web 页内容。有时只需要保存页面上的部分信息，这时只需选取页面上的部分内容，用复制、粘贴的方式保存到目的文档中就可以了。

(3) 保存图片。在图片上单击右键，在弹出的快捷菜单上选择"图片另存为"，在打开的"保存图片"对话框内选择要保存的路径，输入图片的名称并点击"保存"。

3) 更改主页

每次启动浏览器时最先显示的页面就是"主页"，为了提高上网的效率，通常情况下大部分上网用户都会选择适合自己的主页，这样当打开浏览器时，主页会在第一时间被打开。

下面是设置主页的方法：

(1) 打开浏览器，点击"工具"按钮 ⚙，点选"Internet 选项"，之后打开"Internet 选项"对话框。

(2) 如图 5-38 所示，在打开的"Internet 选项"对话框中切换至"常规"选项卡，然后在主页栏的输入框中输入主页地址，如"https://www.baidu.com/"，并按回车键，最后点击"确定"按钮完成设置。另外，如果想把当前打开的页面设置为主页，需在"主页"组中，单击"使用当前页"按钮，就把当前页面设置成主页了。

重新打开浏览器，就会发现当前窗口中打开的是新设置的主页。

IE 还支持设置多个主页，在主页地址输入框中连续输入多个主页地址，每输入完成一个地址后，按回车键输入下一个地址，如图 5-38 所示。当再次打开浏览器时，所有的主页都被打开了。

图 5-38　主页设置

4) 历史记录的使用

有时浏览的网页不小心被关掉了，想马上访问该网站，又忘记了网址，不知道从哪里打开的，或者想打开几天前浏览过的网页，却怎么也找不到了。别担心，IE 会自动将浏览过的网页地址按日期先后顺序保留在历史记录中。

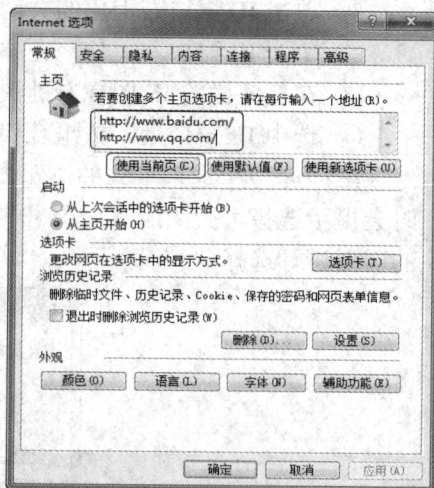

(1) 浏览历史记录。IE 将收藏夹、源和历史记录集成在一起了，查看"历史记录"的操作方法如下：

单击收藏夹按钮☆展开"查看收藏夹、源和历史记录"的窗口，选择"历史记录"选项卡，历史记录的查看方式有多种，在此我们用默认的"按日期查看"方式，如图 5-39 所示，点选指定日期就能看到排列好的网页地址图标，找到所需网页并点击就能打开网页了。

图 5-39 浏览历史记录

(2) 设置和删除历史记录。点击"工具"按钮 ⚙，点选"Internet 选项"，打开对话框；在"常规"标签中，点选"浏览历史记录"组中的"设置"，打开如图 5-40 所示的"网站数据设置"窗口，选择"历史记录"选项卡，在此设置在历史记录中保存网页的天数，系统默认保存网页的天数是 20 天。

如果要删除所有的历史记录，则在"常规"标签中点选"浏览历史记录"组中的"删除"，打开如图 5-41 所示的"删除浏览历史记录"窗口，勾选"历史记录"复选框，可以清除所有的历史记录。

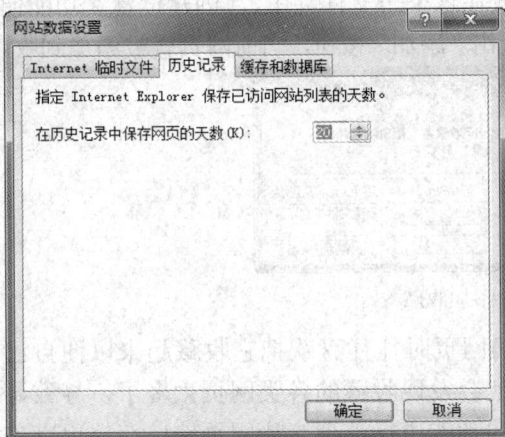

图 5-40 设置历史记录

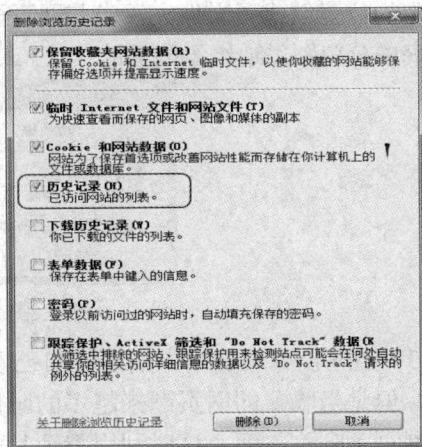

图 5-41 删除浏览记录

5) 收藏夹的使用

收藏夹具有保存 Web 页面地址的功能。我们平时在上网时，遇到自己喜欢的网页，可以利用浏览器的收藏夹进行收藏，从而方便我们以后再次打开网页。下面介绍如何使用浏览器的收藏夹。

(1) 打开收藏夹。单击收藏夹按钮 ☆ 展开"查看收藏夹、源和历史记录"的窗口，选择"收藏夹"选项卡，可以看到收藏夹中排列的各个网页，如图 5-42 所示。此处的网页的显示有两种方式，一种是 Web 页地址，另一种是浏览者给定的名字，当鼠标指针指向给定的名字时，会自动显示对应的 Web 页地址。

图 5-42　收藏夹

(2) 把当前网页存放到收藏夹。打开"添加收藏"对话框的常用方法有两种：一种方法是在当前网页内容上单击右键，打开快捷菜单，选择"添加到收藏夹"；另一种方法是单击收藏夹按钮 ☆ 展开"查看收藏夹、源和历史记录"的窗口，选择"收藏夹"选项卡，单击"添加到收藏夹"按钮，打开"添加收藏"对话框。

"添加收藏"对话框如图 5-43 所示，可以直接使用系统给定的名称，如果要改名称，就在"名称"框中输入给定的名字。"创建位置"功能可以选择在收藏夹中的目录位置，比如单击其中的某个文件夹，就把网页保存在这个文件夹中了。"新建文件夹"按钮的功能是在指定的位置创建子文件夹，当前网页会存放在这个子文件夹中，"创建位置"功能便于在收藏夹中分门别类地组织网页的存放。最后点击"添加"按钮，当前网页就被添加到收藏夹。

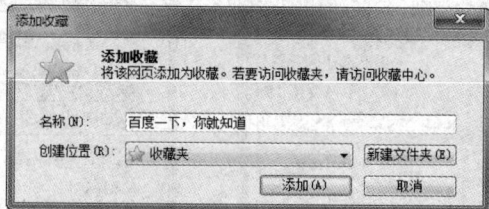

图 5-43　添加收藏

(3) 整理收藏夹。当人们遇到自己喜欢的网页时往往喜欢把它收藏起来以便自己下次查看，但是当收藏的网页越来越多的时候，就会发现收藏的各类网页太多了，导致寻找想要的网页十分不方便，这时利用整理收藏夹的功能进行整理，让网页地址存放更有条理，使用效率更高。

整理收藏夹的方法是：打开收藏夹，用复制、剪切、重命名、删除、新建文件夹等操作来整理收藏的网页，还可以使用拖曳的方式移动文件夹和网页地址的位置，从而改变收藏夹的组织结构。

二、远程协助

1．远程协助简介

远程协助是在网络上由一台计算机去控制操作另一台计算机的技术。位于本地的计算机是主控端，非本地的被控计算机叫做被控端。主控者通过远程协助为远端计算机的用户解决问题，如操作技巧演示、配置应用程序和进行系统软件设置等。

2．远程协助的使用

远程协助的软件有多种，如 TeamViewer、灰鸽子、彩虹等，QQ 软件集成了这个功能，在信息交流的同时还能远程操作好友计算机，帮忙解决对方计算机操作上遇到的问题。下面以 QQ 信息交流中的"远程桌面"功能为例来认识远程协助的使用方法。

(1) 登录 QQ 之后，打开好友聊天窗口，在窗口上方的工具栏中有"远程桌面"按钮，鼠标指向该按钮时有"远程桌面"的文字提示，如图 5-44 所示。

(2) 点击"远程桌面"按钮，出现的快捷菜单中有 3 个选项，分别是"请求控制对方电脑"、"邀请对方远程协助"、"设置"，如图 5-45 所示。

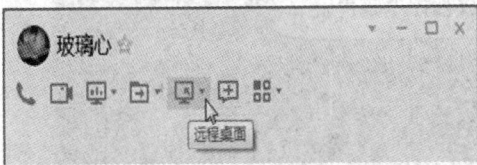

图 5-44　远程按钮

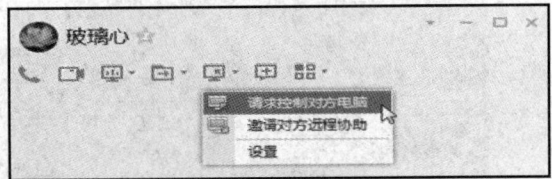

图 5-45　远程选项

(3) 如果要远程协助别人的计算机，则在主控端点击"请求控制对方电脑"；如果想要别人远程协助自己的计算机，则点击"邀请对方远程协助"。我们以远程协助他人为例说明远程协助的使用方法。在主控端的聊天窗口中点击"请求控制对方电脑"，之后在窗口的右下角显示"正在请求远程控制，等待对方回应…等字样，如图 5-46 所示。"取消"按钮用于取消远程协助。

在被控端聊天窗口的右下角相应地出现"接受"和"拒绝"按钮，如图 5-47 所示，选择"接受"就开始远程协助了。

一经发出邀请，对方电脑的任务栏上会立即出现如图 5-48 所示的提示，这个小窗口只出现几秒的时间，方便被控端即时选择接受或拒绝远程协助。

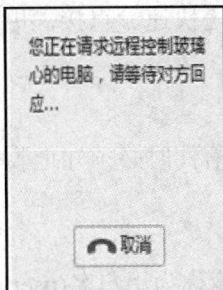

图 5-46　主控端状态

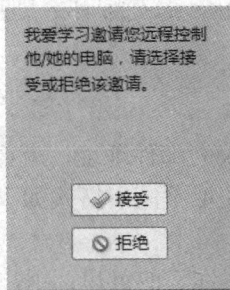

图 5-47　被控端状态

图 5-48　提示

(4) 远程协助中，主控端的电脑桌面上会显示远程桌面，如图 5-49 所示。远程桌面窗口的上方有主控栏，显示"正在控制某某的计算机"，还有一排功能按钮，用来设置协助效果，其功能分别如下：

- 切换被控窗口模式：切换到全屏模式/切换到窗口模式。
- 是否播放被控电脑声音：播放对方电脑的声音/不播放对方电脑的声音。
- 调节画质模式："当前画质模式：清晰"/"当前画质模式：流畅"。
- "结束"按钮：终止远程协助。

(5) 结束远程协助。主控端和被控端都能结束远程协助操作。在主控端点击聊天窗口右下角的"断开"按钮，或者是点击远程桌面上方主控栏中的"结束"按钮来终止协助。被控端聊天窗口右下角也有"断开"按钮，用于终止协助操作。

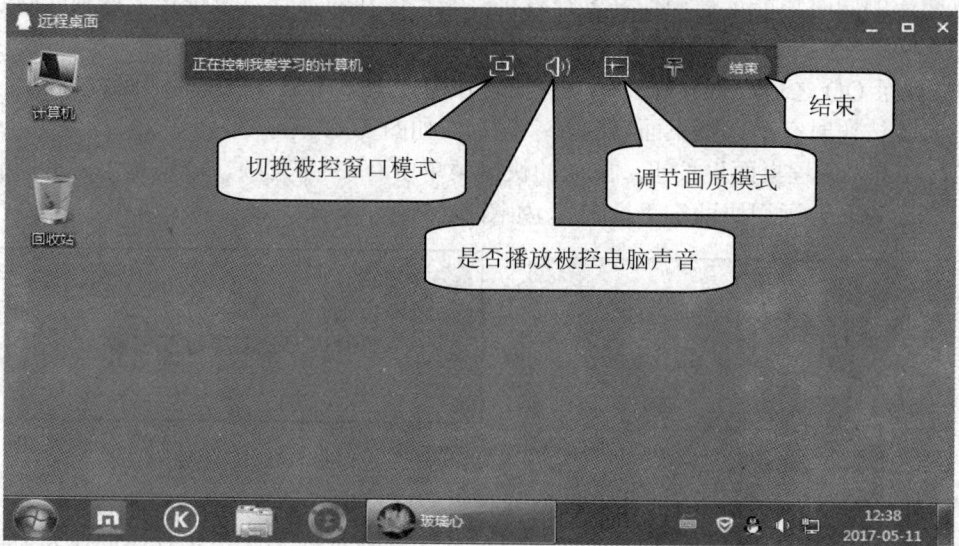

图 5-49 远程桌面

三、电子邮件

电子邮件是用电子手段提供信息交换的通信方式，是互联网应用最广的服务。通过网络的电子邮件系统，用户可以以非常低廉的价格(不管发送到哪里，都只需负担网费)、非常快速的方式(几秒之内可以发送到世界上任何指定的目的地)，与世界上任何一个角落的网络用户联系。

电子邮件可以是文字、图像、声音等多种形式，它使文件传送快速、直接，更方便了人与人之间的沟通与交流。

1. 电子邮件地址

发送电子邮件时必须知道收件人的邮件地址，就像邮寄普通信件时必须知道收信人的住址一样。但电子邮件地址与普通住址不同，格式如下：

<用户标识符>@<主机域名>

其中：字符"@"(读作"at")表示"在"的意思；用户标识符又简称为用户名(user name)，是收件人自己定义的字符串标识符。但应注意，标志收件人邮箱名的字符串在邮箱所在邮件服务器的计算机中必须是唯一的，这样就保证了这个电子邮件地址在世界范围内是唯一的，这对保证电子邮件能够在整个因特网范围内的准确交付是十分重要的。电子邮件的用户名一般采用容易记忆的字符串。

2．电子邮件的使用

要享用电子邮件带来的快捷，首先要在网上申请一个电子邮箱，很多网站都设有电子邮箱供广大网友使用，电子邮箱的使用方法大同小异。因为使用 QQ 邮箱人群较多，我们就以 QQ 邮箱为例来讲解电子邮件的使用方法。

1) 获得 QQ 邮箱

方法一：如果已经拥有 QQ 号码，直接可登录邮箱(无需注册)，QQ 邮箱为"QQ 号码@qq.com"。在登录页中直接输入 QQ 号码和 QQ 密码即可开通并登录邮箱。

方法二：如果未使用 QQ，可以到腾讯网站上直接注册邮箱账号，该邮箱地址自动绑定一个由系统生成的新 QQ 号码。

2) 发送邮件

(1) 登录 QQ 邮箱。

方法一：点击 QQ 界面上的 QQ 邮箱图标，若是首次使用邮箱，会出现一个界面，提醒开通你的 QQ 邮箱，开通后才能登录。

方法二：在腾讯网站首页上点击"邮箱"，输入 QQ 账号和密码。

(2) 写邮件和发送邮件。

① 写邮件并发送。点击"写信"进入如图 5-50 所示的写邮件界面，将插入点依次移到相应位置，并仿照其中各项内容进行填写，最后单击"发送"按钮把邮件发送出去。

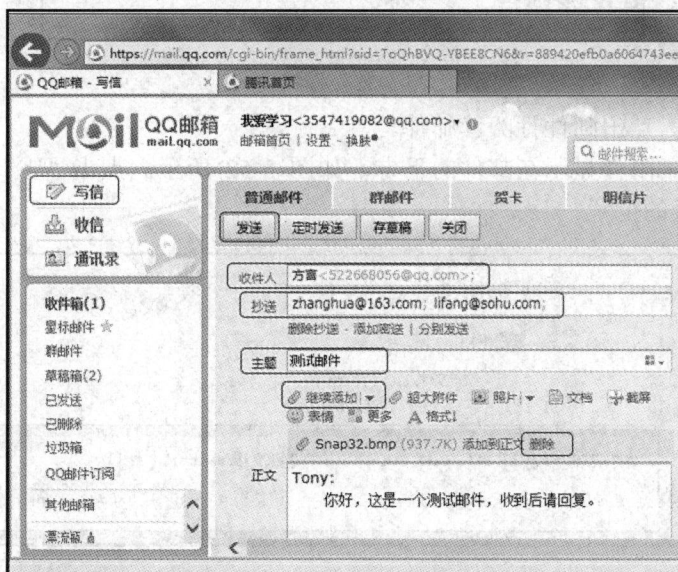

图 5-50　写邮件

② 抄送。抄送中的对象是次要收件人。可以理解为邮件的当事者是发件人和收件人，只不过是把当事者间的事情告知抄送对象，抄送对象只需要了解这件事，可以不做回答，也就是被抄送人知悉这件事情即可，无需做任何动作。而收件人一般需要对邮件内容进行回复。

"添加抄送"按钮用于打开抄送栏，输入抄送对象。"删除抄送"按钮用于取消抄送栏。

③ 插入附件。可以搭载电子邮件发送计算机中的文件，如文档、图片、音乐、压缩包等，这些文件以附件的方式加载上去。点击"添加附件"按钮加载所需文件到邮件中，附件后面的"删除"按钮用于删除附件；点击"继续添加"按钮可加载下一个附件。

(3) 接收和阅读邮件。

① 接收邮件。点击"收信"接收邮件，同时显示收件箱中的邮件列表，或点击"收件箱"显示的也是邮件列表，如图 5-51 所示。

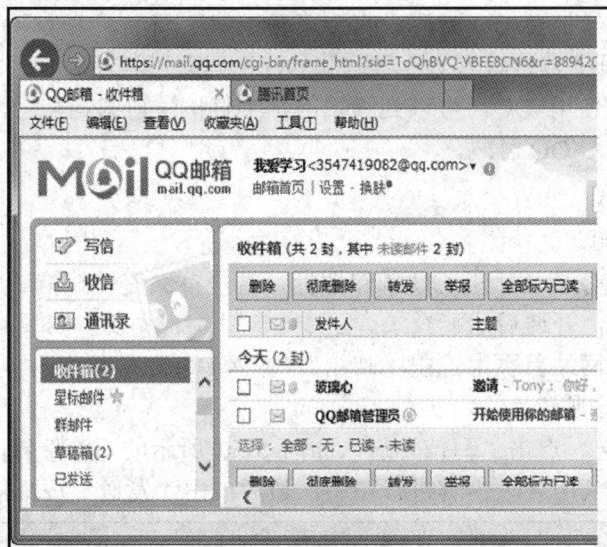

图 5-51　收邮件

② 阅读邮件。点击邮件行阅读邮件。

③ 保存附件。附件显示在邮件的下方，如图 5-52 所示。点击"下载"按钮，按照提示把附件保存到目的位置。

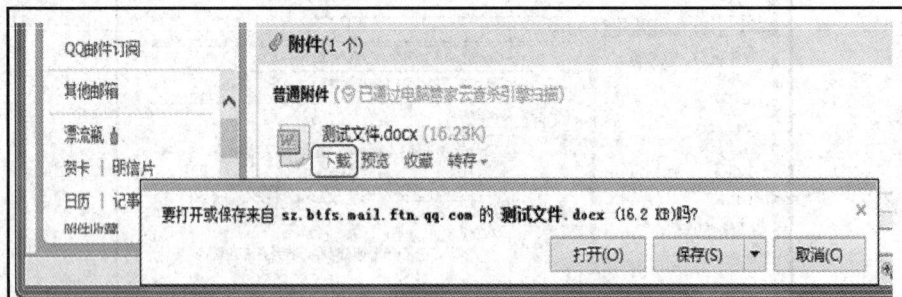

图 5-52　保存附件

(4) 回复和转发邮件。

① 回复邮件。在阅读邮件的界面中点击"回复"，进入如图 5-53 所示的窗口，收件人会自动填写，主题前面显示"回复："，只需输入正文内容，正文下面是原邮件内容，点击"发送"按钮完成邮件的回复。

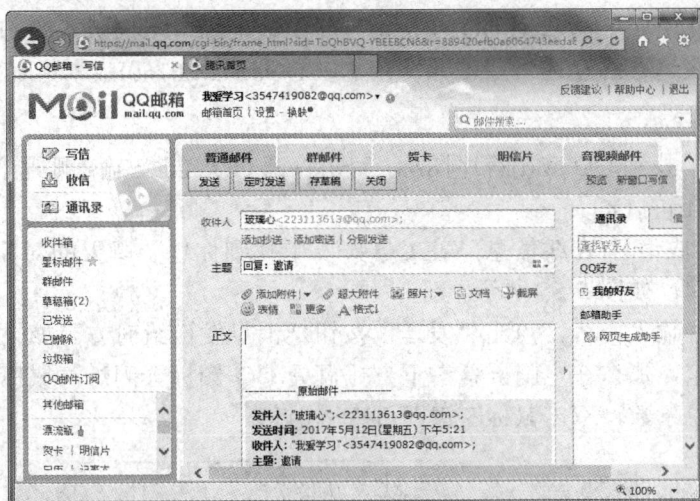

图 5-53 回复邮件

② 转发邮件。在阅读邮件的界面中点击"转发",进入如图 5-54 所示的窗口,根据需要填写收件人,主题前面显示"转发:",再根据需要输入正文内容,正文下面是原邮件内容。点击"发送"按钮完成邮件的转发。

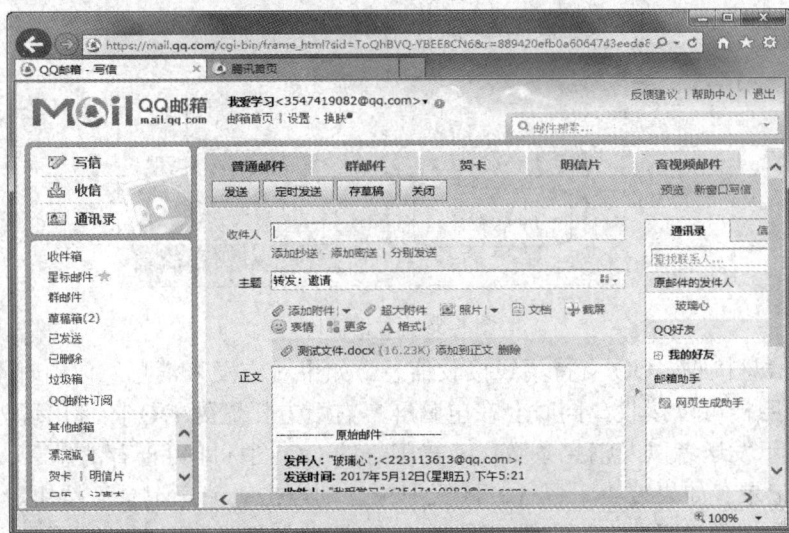

图 5-54 转发邮件

(5) 联系人的管理。QQ 邮箱的联系人管理功能非常方便,在邮件窗口的右侧是"通讯录"栏,上面是最近发过邮件的联系人,下面是和 QQ 界面对应的好友列表,点击哪个好友就可以把哪个好友的邮箱自动填写到收件人栏,又快又准。

四、QQ 在日常工作中的应用

QQ 是腾讯公司开发的一款基于 Internet 的即时通讯软件。QQ 有在线聊天、视频通话、点对点断点续传文件、传送文件、网络硬盘、QQ 邮箱等多种功能,并可与多种通信终端相连,其标志是一只戴着红色围巾的小企鹅。QQ 已成为人们沟通的常用工具,在工作中也发挥了很大的作用，下面介绍 QQ 在日常工作中的应用。不同版本的 QQ 软件的某些功能可能在显示和表述方面存在一些差异，在此以 QQ8.9.2(20760)版本为基础进行讲解。

1. 信息交流

(1) 登录 QQ。找到 QQ 应用程序图标，双击打开 QQ 界面，输入账号和密码，点击"安全登录"，登录自己的 QQ。

(2) 发送和接收信息(在线信息)。在 QQ 好友中找到你想要聊天的对象，双击鼠标左键进入聊天对话窗口，如图 5-55 所示。

在消息编辑栏输入内容，点击"发送"按钮把消息发送给对方。如果关闭了对话框，有回复消息发过来，那么在电脑屏幕右下方托盘处 QQ 图标会闪烁，鼠标移至该处，会显示发送者以及消息条数，双击鼠标左键即可查看消息。

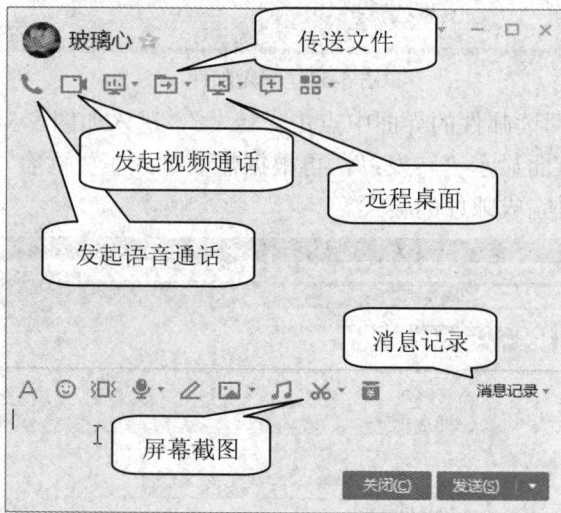

图 5-55　对话窗口

(3) 离线信息接收。QQ 支持离线接收信息。如果对方发来消息，你当时不在线，那么在你上线之后照样可以接收，同时会在电脑屏幕右下方托盘处 QQ 图标出现闪烁，鼠标移至该处，会显示发送者以及消息条数，双击闪烁的 QQ 图标即可查看消息。

(4) 消息记录。如果要查看以往的聊天记录，则点击"消息记录"按钮。

(5) 语音和视频通话。如果计算机安装有麦克风、音响、耳麦以及摄像头，还可以点击"发起语音通话"或"发起视频通话"使用语音聊天和视频聊天功能。语音聊天类似电话聊天；视频聊天不但可以进行语音聊天，还可以看到对方。

2. 屏幕截图

QQ 聊天窗口上的"屏幕截图"图标是个小剪刀，用这个工具可以进行屏幕截图，能解决文字消息不方便表达的问题，给工作带来更大的方便。

1) 截图与设置

"屏幕截图"按钮有两个选项：一是"屏幕截图"选项，用于执行截图操作；另一个是"截图时隐藏当前窗口"选项，用于设置截图时将当前聊天窗口隐藏起来，不出现在截图中。

　　截图范围可以是整个桌面、区域、窗口等，系统设定的截图快捷键是 Ctrl+Alt+A，截图界面如图 5-56 所示。在图中有 8 个控点的区域就是截图的范围，所选区域的左上角显示图片的大小，按下 Enter 键或点击"完成"按钮即可获得截图。

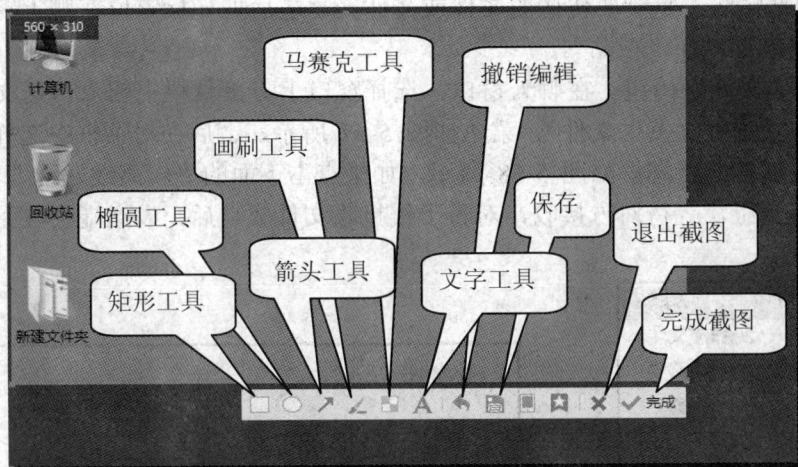

图 5-56　截图

2) 截图的编辑和保存

　　进行截图操作时，下方有一排功能按钮，用于对截图进行编辑，如注释、标记、用马赛克模糊对象等，在工作中能更准确地描述截图者的意图，所以非常实用。这些按钮如图 5-56 所示，各按钮的功能分别如下：

- 矩形工具：用矩形框定对象。
- 椭圆工具：用椭圆框定对象。
- 箭头工具：在截图上添加箭头。
- 画刷工具：用设定了颜色的画刷进行涂抹或勾画。
- 马赛克工具：给鼠标拖过的区域打马赛克，起到模糊对象的作用。例如，不想让醒目的广告影响截图内容，可以使用马赛克功能对广告区域进行模糊处理。
- 文字工具：在截图上添加文字，主要起注释说明作用。
- 撤销编辑：如果用以上工具对截图做了编辑，这个按钮每按一次就会撤销一次编辑，对应的快捷键是 Ctrl+Z。
- 保存：保存截图。在对话框中设置文件名、文件类型、保存位置，把截图保存在指定位置，对应的快捷键是 Ctrl+S。
- 退出截图：放弃当前截图，快捷键是 Esc。
- 完成截图：截获所选区域，如果做了若干编辑，则这些编辑都会包含在截图中，快捷键是 Enter。

　　得到的截图会被放在哪里呢？一是在聊天状态下，截图被放入聊天窗口，发送出去；二是用保存功能存放成图片文件；三是粘贴到其他地方，如画图或其他软件中。

3. 传送文件

　　在信息时代，办公自动化是当今的办公模式，工作中涉及大量的电子文件传送，用 QQ

既能收发信息，又能传送文件，下面介绍 QQ 是怎么传送文件的。

(1) 拖曳文件法。这个方法最为方便快捷，只要用鼠标把文件拖曳到聊天框(在聊天框的任意范围都可以)。

(2) 复制粘贴法。复制要传送的文件或文件夹，之后把光标定位在聊天窗口的消息编辑区域，单击右键选择"粘贴"。

(3) "传送文件"按钮。在聊天窗口，选择窗口上方工具栏中的"传送文件"图标，在弹出的菜单上选择"发送文件"，菜单如图 5-57 所示，之后在对话框中选择所需文件并发送出去。发送端的状态框如图 5-58 所示，如果点击下面的"转离线发送"，文件会被发送到腾讯服务器上，等待对方接收，对方上线接收文件成功后，发送端会收到已接收文件的提示。

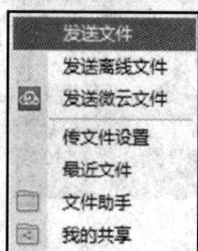

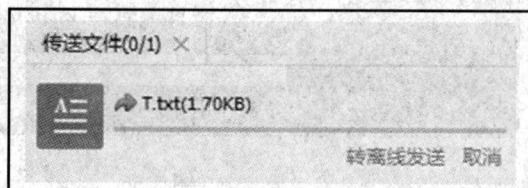

图 5-57　发送文件　　　　　　　图 5-58　发送端传送文件状态

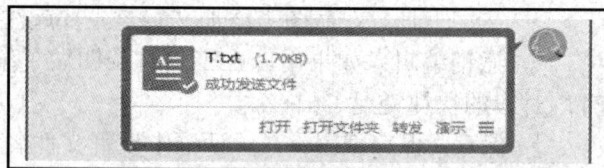

以上传送文件的方法在接收端都会跳出如图 5-59 所示的传送状态框。如果对方在线可以直接点击"接收"，则文件会被存放在之前已设置好的保存目录下；如果点击"另存为"，则可以打开"另存为"对话框，把文件存放在指定的位置；如果点击"取消"，则会取消文件的接收。

文件传送完毕，接收端的聊天窗口如图 5-60 所示。各个按钮功能如下：

- "打开"按钮：直接打开文件。
- "打开文件夹"按钮：打开一个文件夹窗口，里面存放了传送来的文件。
- "转发"按钮：把文件传送给其他的 QQ 好友。
- "演示"按钮：把文件内容远程演示给发送端，对方可在线观看该文件内容。

图 5-59　接收端传送文件状态　　　　　　　图 5-60　接收完毕状态

4．QQ 群

QQ 群属于多人聊天交流服务，给公共交流提供了一个平台。群主在创建群以后，可以邀请多人加入群，一个好友发信息，群里的人都能看到，适合团队协作工作或一个部门、单位、公司的管理，信息交流效率高。下面举例说明 QQ 群的主要功能。

1) 建立群

第一步：在 QQ 窗口中点击"群聊"选项卡后面的小三角，再点击"创建"→"创建群"，在界面中点击"创建我的第一个群"按钮开始创建群，如图 5-61 所示。

第二步：选择群类别。

第三步：填写群信息、分类、规模等，群名称必须填写。

第四步：邀请群成员。选择好友列表中的好友，用"添加"按钮使其成为已选成员。如果误加了某成员，可以用"删除"按钮从已选成员中去除。点击"完成创建"按钮进入下一步。

第五步：填写认证信息，提交成功后会弹出创建群成功窗口，之后就能在聊天窗口中看到已建立的群了，如图 5-62 所示。

图 5-61　创建群

图 5-62　创建的群

2) 群管理

(1) 群成员的添加和删除。

① 添加群成员：双击群名称打开群窗口，点击"设置"选项卡后面的小三角，在下拉菜单中选择"邀请好友入群"，如图 5-63 所示，弹出"邀请好友加群"窗口；然后单击好友列表中的好友后点击"确定"按钮，即可成功添加该好友为群成员。

② 删除群成员：点击群窗口中的"设置"选项卡打开一个窗口，选择"成员"选项卡，将光标放置在成员行，自动显现一个小叉(自动提示"从本群中移除")，如图 5-64 所示，单击删除该成员。

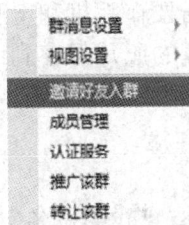

图 5-63　邀请好友入群

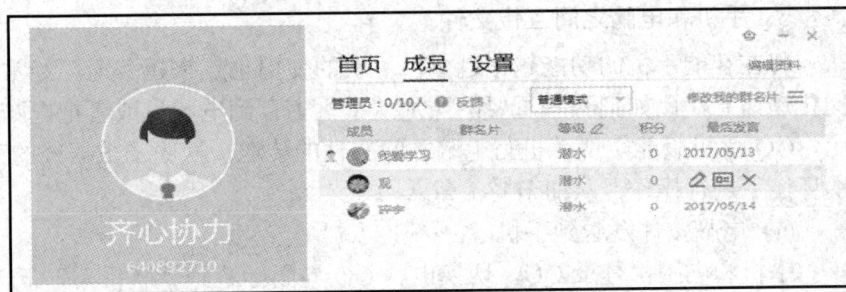

图 5-64　删除成员

(2) 共享文件。在工作中发放文件是经常遇到的情况，用传统的方法一个一个地发送比较麻烦，QQ 群中的共享文件功能非常便利，我们可以把自己的文件放在群里面共享，每个群成员都可以自行下载并查看共享的文件。下面举例说明 QQ 群的文件共享操作。

在群窗口中点击"文件"选项卡，窗口显示已有的共享文件及其相关信息，如图 5-65 所示。

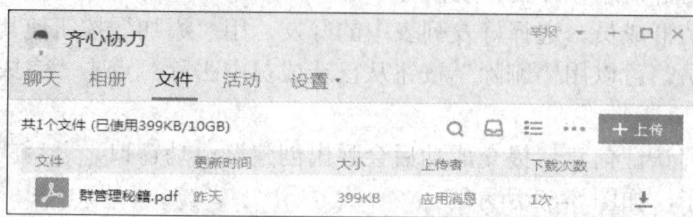

图 5-65　群文件共享

① 上传文件：单击"上传"按钮，出现"打开"对话框，选择所需文件就能把其上传到群中实现共享，上传成功时这个文件会马上显示在窗口中。注意，只支持文件，不支持文件夹类型，也就是说只能上传文件，不能上传文件夹，但可以把文件夹压缩打包成一个压缩文件，就能上传了。另一种上传文件的方法是直接拖曳文件法，更加方便快捷，只要用鼠标把文件拖曳到群窗口即可。

② 下载文件：单击文件行后面的"下载文件"按钮，文件会被下载并保存到已设定的目的位置；如果在文件行上单击鼠标右键，再选择快捷菜单中的"另存为"，则文件会被保存在指定位置。

③ 删除文件：操作方法是在文件行上单击鼠标右键，选择"删除"。群主或管理员有删除任何文件的权限，群成员只能删除自己上传的文件，无权删除他人文件。

(3) 群公告。QQ 群公告的作用是通知或告知群成员的一些重要信息，一般在窗口的右上角，群成员打开聊天窗口就可以看到群公告。如果之前没有编辑群公告，群公告处就为空白。如果之前已经填写并发布了群公告，现在也可以进行编辑和修改。在编辑群公告时，尽量写得简要清晰，因为群公告有字数限制。一个群的群主或者管理员才有权发布和编辑群公告。

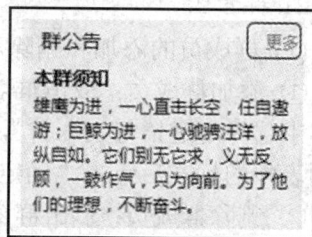

图 5-66　群公告

编辑群公告的方法是，单击如图 5-66 所示群公告栏上的"更多"，打开群公告窗口，分别输入主题和内容后点击"发布新公告"。

5. 手机和电脑之间互传文件

现在智能手机的功能越来越多，手机的使用也越来越普遍，经常需要在手机和电脑之间传递信息，比如把一些重要的照片从手机上存到电脑里或者把电脑里的照片保存到手机上，QQ 手机版能实现手机与电脑之间文件的传送，摆脱了数据线的束缚。最好在有 WiFi 的环境下进行操作，从而节省流量。

(1) 电脑文件发送到手机。

手机和电脑都登录 QQ，切换电脑 QQ 界面标签到"联系人"下，有"我的设备"栏，可以看到"我的 Android 手机"，如图 5-67 所示。

双击"我的 Android 手机"，然后打开"某某的 Android 手机"窗口，如图 5-68 所示。"选择文件发送"按钮的功能是选定文件发送到手机端，"截图并发送"按钮的功能是启用截图功能并把截图发送到手机端，用这两个功能把文件发送到手机 QQ 上。此外，也可以直接将要传送的文件拖曳到窗口中。

图 5-67　电脑端设备显示

图 5-68　电脑端传送窗口

(2) 手机文件发送到电脑。

方法一：在手机上找到所需文件或图片，选定后点击"发送"按钮，再点击"发送到我的电脑"按钮，即可将文件发送到电脑。

方法二：在手机 QQ 的联系人窗口中找到"我的电脑"，如图 5-69 所示。

双击打开"我的电脑"，"我的电脑"窗口如图 5-70 所示，其中有几个常用按钮，功能分别是：选择手机上的图片、启动手机拍照、选择手机上的文件，根据需要选择对象后点选"发送"按钮。

图 5-69　手机端设备显示

图 5-70　手机端传送窗口

五、云服务的应用

云服务基于互联网，提供云安全、云存储服务，简单地说，云服务可以存储个人数据、提供及时的安全信息。目前主要应用于网盘、个人智能设备数据备份存储，并已经在大规模普及。下面介绍云服务的基本应用，以便让云更好地服务于我们的工作和生活。

1. 云服务中的云安全

云安全服务一般集成在杀毒软件中，传统的杀毒软件采用病毒特征库的方式来查杀病毒，由于病毒数量不断增多，病毒特征库越来越大，导致查杀很慢、占用系统资源越来越多，严重影响电脑的运行速度。采用云查杀的方法后，识别病毒的任务交给云端的超级计算机来完成，这样本地就变得很"轻松"了，本地升级需要的下载量就大为减少了。目前大多数主流的杀毒软件都有云查杀的能力，有的杀毒软件同时集成有多个云查杀引擎，"QQ电脑管家"杀毒软件集成的云查杀引擎如图 5-71 所示。

图 5-71　查杀引擎

2. 云服务中的云存储

云服务提供商面向个人提供云存储服务，个人用户通过个人电脑或者智能手机来使用云存储。云存储服务一般情况下都是免费的，只需要申请注册就可以获得云存储服务，特殊情况才需要付费。申请注册成功后，大多数云存储服务都提供 TB 级别的存储空间，目前对于个人使用来说已经足够。

3. 百度网盘在个人电脑中的应用

下面以申请注册百度网盘为例来介绍百度云存储服务。

(1) 在个人电脑中申请注册。

① 下载百度网盘，安装并运行，登录界面如图 5-72 所示。

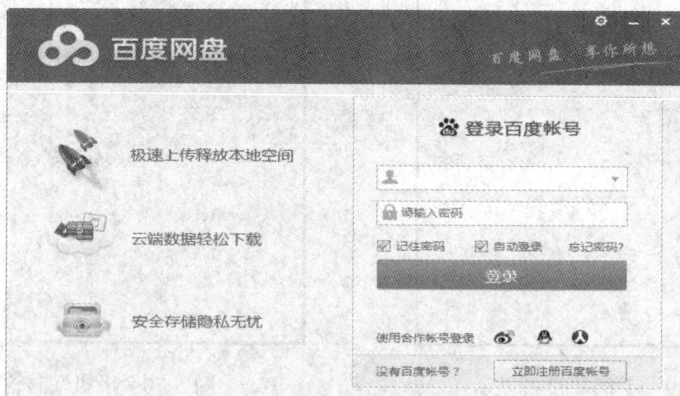

图 5-72　网盘登录界面

② 点击右下角的"立即注册百度账号"。

③ 根据提示填写注册信息，推荐使用手机号注册，这样不容易忘记账号。

④ 注册成功后，就可以用注册的用户名、密码进行登录。

⑤ 刚注册登录的用户可以看到已经分配了 5 GB 的存储空间。完成一系列任务后，最

多可以得到 2 TB 的存储空间。网盘界面如图 5-73 所示。

图 5-73　网盘界面

(2) 在个人电脑中使用百度网盘。

申请注册成功并登录后，要学会规划存储空间。由于存储空间较大，可以存放海量文件，所以文件要分类存放。利用文件夹、子文件夹来分类存放，不能随意摆放，以免以后文件上传多了，不好查找管理。

① 上传文件。上传文件时，将电脑中的一个或多个文件选好，直接拖到百度网盘中，网盘上传需要花一段时间，这取决于文件的大小。在上传几百兆字节到几吉字节大小的电影时经常可以实现秒传，这是由于云服务器中已存在这个电影文件，网盘在比对文件的 MD5 值后，就直接提示上传成功，实际上上传的过程被省略了。

② 下载文件。下载文件与上传文件操作相似，只是方向变为从百度网盘中往电脑中拖。

③ 分享文件。上传到云存储空间的文件或文件夹可以"分享"，让别人可以通过一个网址来下载你分享的文件。分享的方法是：先选定要分享的文件或文件夹，再在右键快捷菜单中点击"分享"，如图 5-74 所示。

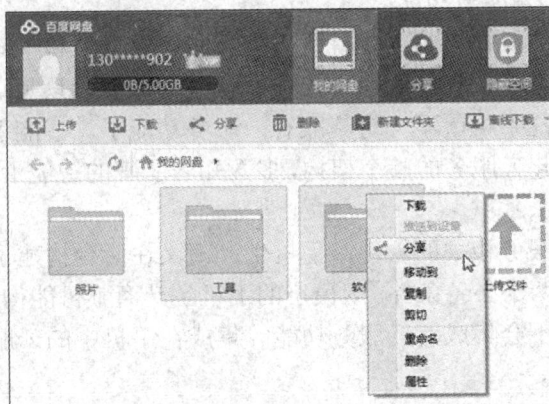

图 5-74　分享文件

点击"分享"后选择分享的类型，有公开和私密两类。公开类型的，别人访问时不需要密码；私密类型的，别人访问下载时需要输入密码，密码由百度网盘自动生成。

将链接和密码发给需要下载文件的朋友，朋友就可以在任何可以上网的地方下载分享的文件。

4．百度网盘在智能手机中的应用

(1) 在智能手机中申请注册。

① 在应用商店中搜索"百度网盘"，如图 5-75 所示。

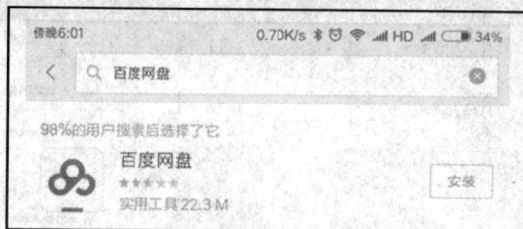

图 5-75　搜索"百度网盘"

② 安装后运行"百度网盘"。运行和注册网盘，如果在个人电脑中已申请注册，在手机中只需要安装、登录就可以，不需要另外再注册。

(2) 在智能手机中使用百度网盘。

上传、下载操作与在个人电脑中类似。一般情况下，在手机中使用百度网盘由于手机存储容量较小，很少有下载大型文件的情况。在手机中使用百度网盘，主要是用于存储通讯录、短信、通话记录以及上传照片视频。

在手机中登录百度网盘后在"发现"→"手机备份"中可以设置"相册自动备份(WiFi)"、"短信自动备份(WiFi)"、"文件自动备份(WiFi)"、"通话记录自动备份(WiFi)"、"通讯录自动备份(WiFi)"，这些项目可以单独设置是否启用。设置为启用后，在手机连接到 WiFi 后，百度网盘将自动上传或同步相关的数据。

这样做的好处是以后如果手机丢失或更换新手机，这些资料可以在新手机中恢复过来。对于占用巨大存储空间的视频，可以在自动上传完成后把本地文件删除，这样就极大地节省手机的存储空间。上传资料可在连接 WiFi 的情况下进行，不需要担心耗费宝贵的流量。

5．智能手机自带的云服务功能

目前智能手机使用的操作系统主要有两大类，即"安卓"和"iOS"，前者使用的用户数量占绝对多数。iOS 系统的智能手机中集成有云服务功能，只是存储空间较小，网速比较慢，但安卓系统的智能手机就不一定集成有云服务功能了。智能手机是否集成有云服务要看生产商有没有构建起云服务的整个架构，多数知名品牌的智能手机提供有云服务功能，如苹果、小米。

手机内部集成有云服务相关的软件，手机生产商又在后台构建了云服务体系，它们是手机直接使用云服务的两个必备条件。规模小的手机生产商不可能构建后台的云服务体系，所以不知名品牌的手机不会集成有云服务功能。集成在手机中的云服务比另外安装云服务软件要方便快捷得多。

对于没有集成云服务的手机，可以安装文中讲述的百度云来使用云服务，集成有云服务的手机可以直接使用。下面以小米手机为例来介绍智能手机集成的云服务。

(1) 注册申请账号。

在使用小米的云服务之前也需要注册账号，这个步骤在新手机开机的时候就可以完成，也可以在之后注册申请。新机开机时会直接出现如图 5-76 所示的启用云服务的提示。如果新机开机时没有注册，可在以后的使用中通过"设置"→"系统应用"→"小米云服务"
来开启服务，如图 5-77 所示。

图 5-76　启用云服务

图 5-77　小米云服务

(2) 设置云服务。

如果已有小米账号，则按图 5-78 所示输入账号和密码，点击"登录"；如果没有小米
账号，则点击"注册新账号"(本例中有两个手机卡，所以有"使用卡 1 注册"和"使用卡
2 注册"两个选项)，如图 5-78 所示。注册登录后，按提示选择是否"开启小米云服务"、
是否"开启查找手机"、是否开启"免费网络通信"(在对方也开启后，可以相互免费发短
信)，如图 5-79 所示。

接下来点击云同步数据下每个项目后面的"开启"来设定哪些数据需要与云服务器同
步，如图 5-80 所示。

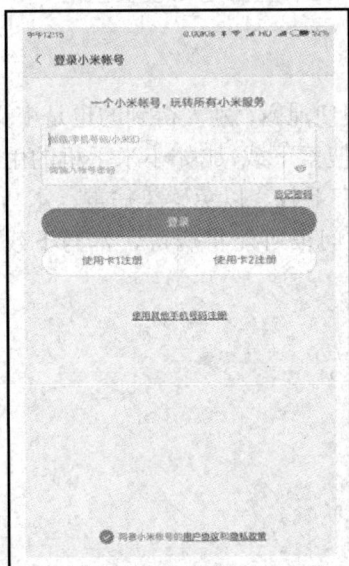

图 5-78　登录和注册

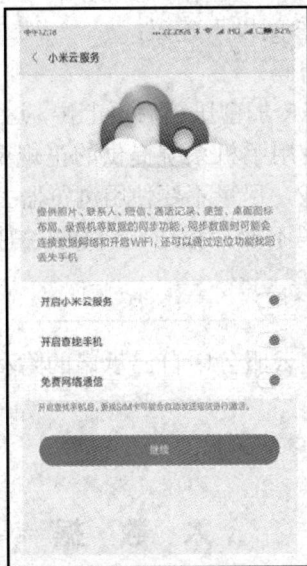

图 5-79　开启功能

图 5-80　云同步数据开启

到此，小米服务已设置完成，可以看到小米云服务提供的功能很多，比如 WiFi 密码的同步、应用云备份这些功能就是特色，并且它与智能手机系统无缝连接在一起，使用起来更方便。

(3) 通过个人电脑使用小米云服务。

在个人电脑上通过登录小米云服务的网站可以浏览手机自动上传的照片、视频，可以查看短信和收发短信。访问小米云的网址为 http://i.mi.com，如图 5-81 所示。

登录小米云后即可实现对图 5-82 所示的资料进行管理。

图 5-81　云服务的网站

图 5-82　管理界面

6. 怎样安全地使用云存储服务

上传到云空间的文件、照片等泄露属于安全事故。一般情况下如果手机被盗，那么同时密码也会泄露给盗取者。目前云服务的安全除了使用密码外，大多还使用短信验证，小米的云服务还另外有"小米安全令牌"的安全措施，所以一般来说还是比较安全的，不用过多担心。当然为防万一，可参阅以下建议：

(1) 保护好自己的云服务密码；

(2) 重要的文档，用 WinRAR 加密压缩后再上传，这样即使泄露，别人得到的也是密文；

(3) 手机下载使用时严格使用手机系统提供的正规渠道搜索下载，比如小米手机的用户就使用"应用商店"来搜索下载，尽量不要使用浏览器去搜索下载，以免感染病毒、木马；

(4) 对于不明来源的二维码不要扫描访问，如果扫描访问很可能将病毒、木马下载到手机中；

(5) 避免手机丢失；

(6) 云服务提供商严格遵守云服务中自己承诺的隐私条款。

【阅读材料】

大　数　据

大数据，或称巨量数据、海量数据，是由数量巨大、结构复杂、类型众多的数据构成的数据集合，是基于云计算的数据处理与应用模式，通过数据的集成共享、交叉复用形成的智力资源和知识服务能力。大数据技术是指从各种类型的数据中，快速获得有价值信息的方法。

1. 大数据带给我们的三个颠覆性观念转变

(1) 面对的是全部数据，而不是随机采样数据。在大数据时代，不再依赖于随机采样，可以分析更多的数据，有时候甚至可以处理和某个特别现象相关的所有数据。以前由于技术的限制，不得不采取随机采样的方式来处理数据，但高性能的网络和数字技术让我们不需要随机取样的方式，而使用更准确的直接分析所有数据的方式。

(2) 追求的是大体方向，而不是精确制导。在大数据的基础下，着重掌握大体的发展方向，适当忽略微观层面上的精确度，让我们在宏观层面拥有更好的洞察力。之前需要分析的数据很少，所以我们必须尽可能精确地量化我们的记录，随着规模的扩大，不再热衷于追求精确度。

(3) 找寻相关关系，而不是因果关系。大数据寻找的是事物之间的相关关系，无须再紧盯事物之间的因果关系，相关关系也许不能准确地告诉我们某件事情为何会发生，但是它会提醒我们这件事情正在发生，不再热衷于长久以来找寻因果关系的习惯。

2. 大数据的四大特征

(1) 数据量大。大数据的规模非常庞大，以至于不能用 G 或 T 来衡量。大数据的起始计量单位至少是 P(1000 个 T)、E(100 万个 T)或 Z(10 亿个 T)。

(2) 数据类型繁多。包括网络日志、音频、视频、图片、地理位置信息等等，多类型的数据对数据的处理能力提出了更高的要求。

(3) 数据价值密度相对较低。随着物联网的广泛应用，信息感知无处不在，得到海量信息，但数据的价值密度较低，如何通过强大的机器算法更迅速地完成数据的价值"提纯"，是大数据亟待解决的问题。

(4) 处理速度快，时效性要求高。这是大数据区分于传统数据挖掘最显著的特征。

3. 和大数据相关的技术

(1) 云技术。大数据常和云计算联系到一起，因为实时的大型数据集分析需要分布式处理框架来向数十、数百或甚至数万的电脑分配工作。形象地说，云计算充当了工业革命时期的发动机的角色，而大数据则是电。没有大数据的信息积淀，则云计算的计算能力再强大，也难以找到用武之地；没有云计算的处理能力，则大数据的信息积淀再丰富，也终究只是镜花水月。

(2) 分布式处理技术。分布式处理系统可以将不同地点的，或具有不同功能的，或拥有不同数据的多台计算机用通信网络连接起来，在控制系统的统一管理控制下，协调地完成信息处理任务。

(3) 存储技术。大数据可以抽象地分为大数据存储和大数据分析。大数据存储的目的是支撑大数据分析，大数据存储致力于研发可以扩展至 PB 甚至 EB 级别的数据存储平台；大数据分析关注在最短时间内处理大量不同类型的数据集。

(4) 感知技术。大数据的采集和感知技术的发展是紧密联系的。其实，这些感知被逐渐捕获的过程就是世界被数据化的过程，一旦世界被完全数据化了，那么世界的本质也就是信息了。就像一句名言所说，"人类以前延续的是文明，现在传承的是信息。"

　　未来在大数据领域最具有价值的是两种事物：一是拥有大数据思维的人，这种人可以将大数据的潜在价值转化为实际利益；二是还没有被大数据触及过的业务领域，这些是还未被挖掘的油井、金矿，是所谓的蓝海。

　　大数据意味着一场革命的到来，庞大的数据资源使得各个领域开始了量化进程，无论学术界、商界还是政府，所有领域都将开始这种进程。同时，大数据时代对人类的数据驾驭能力提出了新的挑战，也为人们获得更为深刻、全面的洞察能力提供了前所未有的空间与潜力。

习　题

1．简述网卡物理地址与 IP 地址的区别。

2．简述以太网、快速以太网和令牌环网的优缺点。

3．NAT 的实现方式有哪些？

4．无线路由器的 WAN 口设置中，上网方式有哪几种？

5．简述你对无线路由器 LAN 口 IP 的理解。

6．DNS 是什么？

7．简述 DHCP 服务器的功能及 DHCP 分配 IP 地址的方式。

8．无线路由器设置中，无线访问控制是通过什么来实现的？

9．使用一个无线路由器组建一个局域网，实现内网设备能访问外网。

10．浏览器内核有哪些？

11．给浏览器设置一个主页。

12．实验 QQ 中的远程协助功能。

13．实验 QQ 邮箱的写邮件、回复邮件、转发邮件、添加和保存附件功能。

14．实验 QQ 的传送文件功能。

15．实验在 QQ 中建立一个群，并管理群。

16．实验 QQ 在手机和电脑之间传送照片。

17．在电脑上申请百度网盘，并上传文件和下载文件。

18．观察自己的手机有没有集成云服务，若有云服务，则在自己的手机上开启云服务；若没有集成云服务，那么你有什么办法使用云服务？

附录一 五笔字型字根总表

区	键	口　　　　　　诀
一区 (横起笔)	11-G	王旁青头戋(兼)五一。("兼"与"戋"同音)
	12-F	土士二干十寸雨。
	13-D	大犬三羊古石厂。("羊"指羊字底)
	14-S	木丁西。
	15-A	工戈草头右框七。("右框"即"匚")
二区 (竖起笔)	21-H	目具上止卜虎皮。("具上"指具字的上部，"虎皮"指的是"虍")
	22-J	日早两竖与虫依。
	23-K	口与川，字根稀。
	24-L	田甲方框四车力。("方框"即"囗")
	25-M	山由贝，下框几。
三区 (撇起笔)	31-T	禾竹一撇双人立("双人立"即"彳")，反文条头共三一("条头"即"夂")。
	32-R	白手看头三二斤，
	33-E	月彡(衫)乃用家衣底。
	34-W	人和八，三四里，("人"和"八"在第3区第4个键里边)
	35-Q	金勺缺点无尾鱼，犬旁留叉儿一点夕，氏无七(妻)。("氏"去掉"七")
四区 (捺起笔)	41-Y	言文方广在四一， 高头一捺谁人去。
	42-U	立辛两点六门疒，
	43-I	水旁兴头小倒立。
	44-O	火业头，四点米，
	45-P	之字军盖建道底，(即"之、宀、冖、辶、廴") 摘礻(示)衤(衣)。
五区 (折起笔)	51-N	已半巳满不出己，左框折尸心和羽。("左框"即"乛")
	52-B	子耳了也框向上。("框向上"即"凵")
	53-V	女刀九臼山朝西。("山朝西"即"彐")
	54-C	又巴马，丢矢矣，("矣"去"矢"为"厶")
	55-X	慈母无心弓和匕，幼无力。("幼"去"力"为"幺")

附录二　二级简码汉字(共 598 个)

阿 bs	啊 kb	爱 ep	安 pv	暗 ju	吧 kc	芭 ac	百 dj
办 lw	半 uf	瓣 ur	帮 dt	包 qn	保 wk	报 rb	北 ux
本 sg	比 xx	笔 tt	必 nt	陛 bx	避 nk	边 lp	变 yo
骠 cs	表 ge	宾 pr	冰 ui	并 ua	伯 wr	泊 ir	不 gi
步 hi	部 uk	才 ft	财 mf	采 es	菜 ae	参 cd	餐 hq
惭 nl	灿 om	册 mm	查 sj	产 ut	昌 jj	长 ta	偿 wi
吵 ki	炒 oi	车 lg	忱 np	陈 ba	晨 jd	称 tq	成 dn
呈 kg	承 bd	城 fd	弛 xb	池 ib	持 rf	耻 bh	赤 fo
炽 ok	充 yc	抽 rm	出 bm	处 th	春 dw	磁 du	此 hx
从 ww	粗 oe	村 sf	达 dp	答 tw	打 rs	大 dd	呆 ks
代 wa	胆 ej	淡 io	当 iv	档 si	刀 vn	导 nf	到 gc
得 tj	灯 os	邓 cb	迪 mp	地 fb	帝 up	第 tx	电 jn
佃 wl	甸 ql	盯 hs	钉 qs	订 ys	定 pg	锭 qp	东 ai
度 ya	断 on	队 bw	对 cf	多 qq	夺 df	朵 ms	儿 qt
二 fg	罚 ly	法 if	凡 my	反 rc	贩 mr	方 yy	芳 ay
防 by	妨 vy	纺 xy	放 yt	肥 ec	分 wv	坟 fy	粉 ow
丰 dh	风 mq	烽 ot	冯 uc	凤 mc	夫 fw	服 eb	妇 vv
负 qm	肝 ef	敢 nb	纲 xm	肛 ea	高 ym	革 af	格 st
蛤 jw	个 wh	各 tk	给 xw	耿 bo	公 wc	功 al	攻 at
宫 pk	共 aw	贡 am	构 sq	垢 fr	估 wd	姑 vd	孤 br
骨 me	顾 db	怪 nc	关 ud	观 cm	官 pn	管 tp	光 iq
归 jv	轨 lv	辊 lj	果 js	过 fp	害 pd	汉 ic	好 vb
恨 nv	红 xa	虹 ja	后 rg	呼 kt	胡 de	虎 ha	互 gx
化 wx	划 aj	画 gl	怀 ng	换 rq	煌 or	蝗 jr	晃 ji
灰 do	会 wf	毁 va	婚 vq	伙 wo	或 ak	圾 fe	机 sm
肌 em	基 ad	及 ey	吉 fk	级 xe	极 se	几 mt	计 yf
记 yn	纪 xn	际 bf	季 tb	继 xo	寂 ph	加 lk	家 pe
尖 id	间 uj	艰 cv	团 lb	检 sw	渐 il	江 ia	匠 ar
降 bt	糨 ox	交 uq	胶 eu	角 qe	叫 kn	较 lu	节 ab
杰 so	结 xf	介 wj	届 nm	紧 jc	近 rp	进 fj	经 xc
睛 hg	景 jy	九 vt	久 qy	旧 hj	就 yi	舅 vl	居 nd
具 hw	决 un	军 pl	开 ga	楷 sx	苛 as	科 tu	可 sk
克 dq	客 pt	骒 cj	肯 he	空 pw	扣 rk	枯 sd	宽 pa
昆 jx	困 ls	扩 ry	拉 ru	来 go	乐 qi	肋 el	类 od
累 lx	楞 sl	离 yb	骊 cg	李 sb	理 gj	力 lt	历 dl
立 uu	联 bu	脸 ew	良 yv	量 jg	辽 bp	料 ou	列 gq

林 ss	鳞 lo	灵 vo	另 kl	刘 yj	六 uy	龙 dx	娄 ov
搂 ro	卢 hn	卤 hl	录 vi	吕 kk	屡 no	率 yx	绿 xv
罗 lq	妈 vc	马 cn	嘛 ky	慢 nj	么 tc	没 im	玫 gt
煤 oa	们 wu	迷 op	米 oy	眯 ho	秘 tn	绵 xr	面 dm
秒 ti	民 na	名 qk	明 je	末 gs	牟 cr	姆 vx	睦 hf
哪 kv	内 mw	奶 ve	男 ll	怕 nr	炮 oq	朋 ee	批 rx	皮 hc
睥 hr	年 rh	宁 ps	怕 nr	炮 oq	岂 mn	前 ue	钱 qg
欠 qw	强 xk	悄 ni	峭 mi	切 av	且 eg	亲 us	沁 in
轻 lc	顷 xd	庆 yd	秋 to	区 aq	曲 ma	取 bc	全 wg
权 sc	劝 cl	然 qd	让 yh	认 yw	扔 re	仍 we	如 vk
入 ty	闰 ug	弱 xu	洒 is	三 dg	扫 rv	色 qc	纱 xi
砂 di	闪 uw	商 um	少 it	社 py	审 pj	生 tg	失 rw
时 jf	实 pu	史 kq	氏 qa	世 an	示 fi	式 aa	事 gk
收 nh	手 rt	守 pf	曙 jl	术 sy	甩 en	双 cc	霜 fs
水 ii	睡 ht	顺 kd	说 yu	思 ln	四 lh	寺 ff	肆 dv
诉 yr	虽 kj	孙 bi	所 rn	他 wb	它 px	台 ck	太 dy
膛 ei	啼 ku	提 rj	天 gd	条 ts	铁 qr	厅 ds	听 kr
烃 oc	同 mg	瞳 hu	屯 gb	驼 cp	妥 ev	拓 rd	外 qh
宛 pq	晚 jq	汪 ig	为 yl	委 tv	卫 bg	胃 le	闻 ub
无 fq	五 gg	务 tl	物 tr	吸 ke	析 sr	习 nu	戏 ca
细 xl	瞎 hp	下 gh	仙 wm	嫌 vu	显 jo	现 gm	线 xg
限 bv	相 sh	向 tm	宵 pi	小 ih	肖 ie	协 fl	械 sa
懈 nq	心 ny	信 wy	兴 iw	行 tf	凶 qb	胸 eq	休 ws
秀 te	须 ed	旭 vj	轩 lf	喧 kp	眩 hy	学 ip	雪 fv
寻 vf	巡 vp	旬 qj	训 yk	呀 ka	押 rl	牙 ah	烟 ol
炎 oo	眼 hv	燕 au	央 md	阳 bj	杨 sn	洋 iu	样 su
遥 er	药 ax	要 sv	也 bn	业 og	叶 kf	衣 ye	姨 vg
嶷 mx	矣 ct	义 yq	亿 wn	忆 nn	因 ld	阴 be	引 xh
隐 bq	蝇 jk	哟 kx	用 et	由 mh	邮 mb	友 dc	右 dk
于 gf	愉 nw	与 gn	玉 gy	遇 jm	员 km	原 dr	约 xq
匀 qu	允 cq	晕 jp	杂 vs	灾 po	载 fa	早 jh	澡 ik
灶 of	则 mj	曾 ul	增 fu	赠 mu	粘 oh	斩 lr	崭 ml
占 hk	站 uh	张 xt	涨 ix	找 ra	折 rr	这 yp	贞 hm
针 qf	珍 gw	阵 bl	争 qv	之 pp	支 fc	芝 ap	知 td
脂 ex	直 fh	职 bk	止 hh	只 kw	旨 xj	志 fn	炙 qo
中 kh	肿 ek	妯 vm	轴 lm	宙 pm	朱 ri	珠 gr	烛 oj
主 yg	注 iy	驻 cy	妆 uv	浊 ij	籽 ob	子 bb	字 pb
综 xp	棕 sp	最 jb	昨 jt	左 da	作 wt		

附录三 末笔字型交叉识别码汉字(共 386 个)

艾 aqu	凹 mmgd	叭 kwy	扒 rwy	笆 tcb	把 rcn	柏 srg
柏 srg	败 mty	备 tlf	钡 qmy	泵 diu	铂 qrg	仓 wbb
草 ajj	厕 dmjk	叉 cyi	岔 wvmj	场 fnrt	倡 wjjg	扯 rhg
尘 iff	闯 ucd	尺 nyi	斥 ryi	仇 wvn	愁 tonu	臭 thdu
触 qejy	囱 tlqi	床 ysi	辞 tduh	促 wkh	歹 gqi	待 tffy
丹 myd	单 ujfj	旦 jgf	悼 nhjh	笛 tmf	刁 ngd	钓 qqyy
冬 tuu	斗 ufk	抖 rufh	妒 vynt	杜 sfg	肚 efg	兑 ukqb
讹 ywxn	尔 qiu	伐 wat	犯 qtb	仿 wyn	飞 nui	吠 kdy
奋 dlf	封 fffy	弗 xjk	伏 wdy	父 wqu	付 wfy	钆 qnn
改 nty	杆 sfh	竿 tfj	秆 tfh	赶 fhfk	冈 mqi	杠 sag
告 tfkf	勾 qci	钩 qqc	苟 aqkf	咕 kdg	沽 idg	蛊 jlf
固 ldd	故 dty	刮 tdjh	挂 rffg	圭 fff	闺 uffd	汗 ifh
夯 dlb	亨 ybj	弘 xcy	户 yne	幻 xnn	皇 rgf	回 lkd
卉 faj	汇 ian	昏 qajf	荤 aplj	霍 fwyf	讥 ymn	击 fmk
伎 wfcy	忌 nnu	剂 yjjh	佳 wffg	贾 smu	钾 qlh	奸 vfh
肩 yned	笺 tgr	茧 aju	见 mqb	贱 mgt	秸 tfkg	她 vbn
戒 aak	巾 mhk	仅 wcy	京 yiu	惊 nyiy	井 fjk	竞 ukqb
炯 omk	句 qkd	巨 and	卷 udbb	诀 ynwy	君 vtkd	钧 qqug
卡 hhu	看 rhf	抗 rymn	孔 bnn	哭 kkdu	苦 adf	库 ylk
匡 agd	旷 jyt	矿 dyt	框 sagg	亏 fnv	奎 dfff	坤 fjhh
垃 fug	兰 uff	雷 flf	泪 ihg	厘 djfd	礼 pynn	里 jfd
利 tjh	隶 vii	栗 ssu	粒 oug	连 lpk	凉 uyiy	晾 jyiy
疗 ubk	吝 ykf	令 wyc	漏 infy	庐 yyne	芦 aynr	虏 halv
掠 ryiy	仑 wxb	玛 gcg	码 dcg	蚂 jcg	吗 kcg	买 nudu
麦 gtu	忙 nynn	冒 jhf	枚 sty	眉 nhd	美 ugdu	闷 uni
孟 blf	苗 alf	庙 ymd	灭 goi	闽 uji	亩 ylf	牡 trfg
尿 nii	牛 rhk	农 pei	弄 gaj	奴 vcy	疟 uagd	呕 kaqy
判 udjh	刨 qnjh	匹 aqv	票 sfiu	迫 rpd	粕 org	齐 yjj
奇 dskf	乞 tnb	企 whf	气 rnb	讫 ytnn	泣 iug	扦 rtfh
浅 igt	羌 udnb	巧 agnn	茄 alkf	怯 nfcy	芹 arj	青 gef
琼 gyiy	丘 rgd	囚 lwi	蛆 jegg	去 fcu	泉 riu	冉 mfd
仁 wfg	壬 tfd	刃 vyi	戎 ade	茸 abf	汝 ivg	腮 elny
杀 qsu	晒 jsg	汕 imh	扇 ynnd	尚 imkf	勺 qyi	舌 tdd

申 jhk	升 tak	声 fnr	圣 cff	什 wfh	矢 tdu	屎 noi
市 ymhj	谁 ywyg	私 tcy	宋 psu	诵 yceh	酥 sgty	粟 sou
岁 mqu	坍 fmyg	叹 kcy	讨 yfy	套 ddu	汀 ish	廷 tfpd
童 ujff	头 udi	秃 tmb	徒 tfhy	吐 kfg	推 rwyg	驮 cdy
洼 iffg	丸 vyi	万 dnv	亡 ynv	枉 sgg	妄 ynvf	忘 ynnu
旺 jgg	唯 kwyg	末 fii	位 wug	纹 xyy	蚊 jyy	紊 yxiu
问 ukd	毋 xde	吾 gkf	芜 afqb	午 tfj	伍 wgg	牾 rgkg
勿 qre	悟 ngkg	汐 iqy	昔 ajf	矽 dqy	硒 dsg	虾 jghy
匣 alk	闲 usi	乡 xte	香 tjf	翔 udng	享 ybf	泄 iann
屑 nied	忻 nrh	芯 anu	锌 quh	刑 gajh	杏 skf	幸 fuf
兄 kqb	洶 iqbh	朽 sgnn	玄 yxu	穴 pwu	血 tld	岩 mdf
阎 uqvd	厌 ddi	喑 kyg	秧 tmdy	羊 udj	佯 wudh	仰 wqbh
舀 evf	耶 bbh	曳 jxe	页 dmu	沂 irh	艺 anb	异 naj
邑 kcb	翌 nuf	音 ujf	尹 vte	应 yid	佣 weh	拥 reh
痈 uek	蛹 jceh	尤 dnv	油 img	铀 qmg	酉 sgd	幼 xln
予 cbj	余 wtu	鱼 qgf	驭 ccy	誉 iwyf	元 fqb	圆 lkmi
钥 qeg	云 fcu	孕 ebf	宰 puj	皂 rab	责 gmu	扎 rnn
札 snn	轧 lnn	闸 ulk	翟 nwyf	债 wgmy	盏 glf	栈 sgt
章 ujj	丈 dyi	仗 wdyy	瘴 uujk	正 ghd	汁 ifh	值 wfhg
植 sfhg	址 fhg	痔 uffi	置 lfhf	钟 qkhh	诌 yqvg	肘 efy
住 wygg	爪 rhyi	庄 yfd	壮 ufg	状 udy	坠 bwff	谆 yybg
卓 hjj	啄 keyy	仔 wbg	孜 bty	自 thd	走 fhu	足 khu
阻 begg						

附录四　字根字与难拆字(共 217 个)

字根字(共 88 个)

金 qqqq	儿 qt	夕 qtny	田 lll	甲 lhnh	四 lh	车 lg
力 lt	禾 ttt	竹 ttg	大 dd	犬 dgty	三 dg	古 dgh
石 dgtg	厂 dgt	立 uu	辛 uygh	六 uy	门 uyh	女 vvv
刀 vn	九 vt	臼 vth	工 a	弋 agny	戈 agnt	廿 agh
七 ag	之 pp	月 eee	乃 etn	用 et	又 ccc	巴 cnh
马 cn	日 jjjj	曰 jhng	早 jh	虫 jhny	已 nnnn	巳 nngn
己 nng	乙 nnl	尸 nngt	心 ny	羽 nny	白 rrr	手 rt
斤 rtt	王 ggg	戋 gggt	五 gg	子 bb	耳 bgh	也 bn
水 ii	小 ih	弓 xng	匕 xtn	幺 xnny	土 ffff	士 fghg
二 fg	干 fggh	十 fgh	寸 fghy	雨 fghy	火 ooo	米 oy
口 kkkk	川 kthh	人 w	八 wty	言 yyy	文 yygy	方 yy
广 yygt	木 ssss	丁 sgh	西 sghg	山 mmm	由 mh	贝 mhny
几 mt	目 hhhh	止 hh	卜 hhy			

难拆字(共 129 个)

哀 yeu

凹 mmgd

傲 wgqt

巴 cnh

巴 巴 巴

霸 faf

霸 霸 霸

拜 rdfh

拜 拜 拜 拜h

版 thgc

版 版 版 版

半 uf

半 半

卑 rtfj

卑 卑 卑 卑j

悲 djdn

悲　悲　悲　悲

敉 umi

敉　敉　敉

鞭 afw

鞭　鞭　鞭

鳖 umig

鳖　鳖　鳖　鳖

瘪 uthx

瘪　瘪　瘪　瘪

兵 rgw

兵　兵　兵

秉 tgv

餐 hq

藏 adnt

曹 gmaj

掺 rqku

长 ta

成 dn

承 bd

乘 tux

丑 nfd

垂 tga

歹 gqi

丹 myd

丹 丹 丹d

单 ujfj

单 单 单 单j

低 wqa

低 低 低

氏 qay

氏 氏 氏

刁 ngd

刁 刁 刁d

兜 qrnq

兜 兜 兜 兜

毒 gxgu

毒 毒 毒 毒

段 wdm

段 段 段

鹅 trng

鹅 鹅 鹅 鹅

伐 wat

伐 伐 伐

飞 nui

飞 飞 飞

废 ynty

废 废 废 废

肺 egm

肺 肺 肺

服 eb

弓 弓 弓

丐 ghn

丐 丐 丐

甘 afd

甘 甘 甘 d

感 dgkn

感 感 感 感

戈 agnt

戈 戈 戈 戈

革 af

革 革

艮 vei

艮 艮 艮

弓 xng

弓 弓 弓

乖 tfu

乖 乖 乖 乖

官 pn

官 官

贯 xfm

贯 贯 贯

鬼 rqc

鬼鬼鬼

寒 pfj

寒寒寒

弧 xrc

弧弧弧

互 gx

互互

或 ak

或或

臼 vth

臼臼臼

决 unw

决 决

卡 hhu

卡 卡 卡ᵤ

亏 fnv

亏 亏 亏ᵥ

练 xan

练 练 练

卵 qyt

卵 卵 卵

毛 tfn

毛 毛 毛

矛 cbt

矛　矛　矛

茂 adn

茂　茂　茂

貌 eerq

貌　貌　貌　貌

面 dm

面　面

末 gs

末　末

母 xgu

母　母　母

乃 etn

乃　乃　乃

年 rh

年　年

鸟 qyng

鸟　鸟　鸟　鸟

牛 rhk

牛　牛　牛
k

哦 ktr

哦　哦　哦

偶 wjm

偶　偶　偶

派 ire

派 派 派

爿 nhde

爿 爿 爿 爿e

片 thg

片 片 片

妻 gv

妻 妻

其 adw

其 其 其

丘 rgd

丘 丘 丘d

求 fiy

求　求　求

曲 ma

曲　曲

刃 vyi

刃　刃　刃i

柔 cbts

柔　柔　柔　柔

丧 fue

丧　丧　丧

舌 tdd

舌　舌　舌d

身 tmd

身　身　身

失 rw

失　失　失

矢 tdu

矢　矢　矢

世 an

世　世　世

书 nnh

书　书　书

疏 nhy

疏　疏　疏

鼠 vnu

鼠 鼠 鼠

戍 dynt

戍 戍 戍 戍

甩 en

甩 甩

肆 dv

肆 肆

肃 vij

肃 肃 肃

套 ddu

套 套 套u

凸 hgm

瓦 gny

万 dnv

卫 bg

未 fii

毋 xde

武 gah

武　武　武

舞 rlg

舞　舞　舞

夕 qtny

夕　夕　夕　夕

翔 udng

翔　翔　翔　翔

戌 dgn

戌　戌　戌

牙 ah

牙　牙

严 god

曳 jxe

乙 nnl

硬性规定

Ⓛ

5个单笔画最后两码

弋 agny

印 qgb

尤 dnv

友 dc

友 友

于 gf

于 于

予 cbj

予 予 予 j

曰 jhng

曰 曰 曰 曰

载 fa

载 载

臧 dnd

臧 臧 臧

糟 ogmj

糟 糟 糟 糟

张 xt

张 张

丈 dyi

丈 丈 丈i

兆 iqv

兆 兆 兆v

爪 rhyi

爪 爪 爪 爪i

追 wnnp

追 追 追 追

参 考 文 献

[1] 教育部考试中心. 全国计算机等级考试一级教程. 北京：高等教育出版社，2016

[2] 顾翠芬，周胜安，梁武. 计算机应用基础. 5 版. 北京：清华大学出版社，2014

[3] 九州书源. 电脑入门(Windows 7+Office 2010 版). 北京：清华大学出版社，2011

[4] 许晞，刘艳丽，聂哲. 计算机应用基础. 3 版. 北京：高等教育出版社，2016

[5] Russinovich M. 深入解析 Windows 操作系统. 卷 1. 北京：人民邮电出版社，2012

[6] 任成鑫. Windows 10 中文版操作系统从入门到精通. 北京：中国青年出版社，2016

[7] 陈雷，洪刚，马海平. Windows 7 新手指南针. 北京：石油工业出版社，2010

[8] 张红. 中文版 Windows 7 无师自通. 北京：清华大学出版社，2012

[9] 王竝. Windows 7 + Office 2010 计算机应用基础教程. 北京：人民邮电出版社，2013

[10] 百度百科. https://baike.baidu.com.

[11] 五笔打字专家网站. http://www.zdgsoft.com/ccit 软件帮助文档

[12] 王达. 深入理解计算机网络. 北京：机械工业出版社，2013

[13] 李立，李申，贾棋然，等. 网络组建与管理实用教程. 北京：清华大学出版社，2010

[14] CSDN 博客，ofsno 博客. http://blog.csdn.net/ofsno/article/details/51164575

[15] 博客园，VaJoy/蓝邦珏博客. http://www.cnblogs.com/vajoy/p/3735553.html

[16] 小米官网，小米云服务. https://i.mi.com/static?filename = res/i18n/zh_CN/ html/ learn-more.html

[17] 谢希仁. 计算机网络. 5 版. 北京：电子工业出版社，2008

[18] 库罗斯. 计算机网络自顶向下方法. 北京：机械工业出版社，2009

[19] Fall K R，RichardStevens W. TCPIP 详解. 北京：机械工业出版社，2012